Verstehe dein Pferd

Verhalten und Körpersprache deuten,
Probleme lösen mit praktischen Übungen

Sarah Fisher

KOSMOS

Impressum

Aus dem Englischen übersetzt von Sigrid Eicher.

Englische Originalausgabe erschien 2006 unter dem Titel **„Know your horse inside out“** bei **David & Charles**, Brunel House, Newton Abbot, Devon, TQ 12 4 PU
copyright © Sarah Fisher, David & Charles 2006
Text © Sarah Fisher 2006
Fotografien © David & Charles 2006; S. 6, 16, 20, 22, 28, 36, 38, 39, 54, 55, 56, 58, 64, 65, 68, 70, 73, 140 © Sarah Fisher 2006; S. 96 © Hilary Gibbins 2006
Illustrationen © David & Charles 2006

Mit 350 Farbfotos von David & Charles, Sarah Fisher und Hilary Gibbins und 8 Illustrationen von David & Charles.

Umschlaggestaltung von eStudio Calamar unter Verwendung dreier Farbfotos von David & Charles

Unser gesamtes lieferbares Programm und
viele weitere Informationen zu unseren Büchern,
Spielen, Experimentierkästen, DVDs, Autoren und
Aktivitäten finden Sie unter **www.kosmos.de**

Für die deutschsprachige Ausgabe:
© 2009, Franckh-Kosmos Verlags-GmbH & Co.KG, Stuttgart
Alle Rechte vorbehalten
ISBN 978-3-440-11306-6
Redaktion: Ute Ochsenbauer
Projektbetreuung: Alexandra Haungs
Produktion: Claudia Kupferer
Printed in China / Imprimé en Chine

Inhalt

4 Vorwort

5 Machen Sie Ihrem Pferd das Leben leichter

10 Körpersprache

12 Der Anfang

13 Grundlagen verstehen

20 Körperliche Aspekte

30 Pferdebeurteilung

32 Schauen – die Körperhaltung

46 Hören

47 Fühlen

52 Erkenntnisse deuten

74 Positiv eingestellt bleiben

76 Machen Sie Ihr Pferd locker

84 Übungen für den Reiter

89 Übungen für das Pferd

147 Ganzheitliche Pflege und Haltung

151 Adressen und Zum Weiterlesen

151 Danksagung

152 Register

Von der Liebe zu allem Lebendigen

Wir lernen derzeit mehr und schneller über das Leben als je zuvor. Wir finden Zusammenhänge, wo nach alter Wissenschaftlichkeit keine waren, ergründen Geheimnisse des Lebens, die man bislang nur erahnen konnte.

Sarah Fisher hat nicht auf diese Erkenntnisse gewartet, um die Bedeutung des Zusammenlebens auf dem Planeten zu ergründen. Aus jeder Zeile in Sarahs vorliegendem Buch kann man von der Liebe zu allem, was lebt lesen. Verständig und einfühlend hebt Sarah Fisher unser Verständnis des Pferdes auf ein neues Niveau und lässt uns in vielen Fallgeschichten an ihrem Erfahrungsreichtum teilhaben.

Es gibt Menschen, die haben Freude an Entdeckungen, Menschen, die gerne lernen und sich über jede neue Erfahrung freuen. Solche Menschen werden gut in dem Bereich, dem sie sich widmen. Freude und Stolz mischen sich, wenn ich sehe, auf welch hohem Niveau Sarah Fisher die Tellington-Methode lebt und in ihren Erfahrungsschatz eingebettet in diesem Buch der Leserschaft präsentiert.

Linda Tellington-Jones, Begründerin der Tellington-Methode

Machen Sie Ihrem Pferd das Leben leichter

In den letzten zehn Jahren durfte ich mit einigen äußerst inspirierenden und empathischen Menschen zusammenarbeiten, die vielen Pferden auf der ganzen Welt das Leben leichter gemacht haben. Linda Tellington Jones, die Begründerin von TTEAM (Tellington Touch Equine Awareness Method – siehe Kasten unten), ihre Schwester Robyn Hood (ebenfalls TTEAM), Peggy Cummings (Connected Riding - siehe Kasten ganz unten) und Karen Bush (Reitlehrerin (BHSIT) und Autorin verschiedener Veröffentlichungen rund ums Pferd) haben sehr viel zu dem beigetragen, was ich heute weiß. Ich habe als TTEAM-Practitioner in den USA und in Kanada gearbeitet, und die meisten Übungen in diesem Buch gehen auf Prinzipien von TTEAM zurück, aber auch Peggy Cummings' Arbeit hat ihren Anteil, weil sie, wie TTEAM, ein einfacher, sicherer und höchst effektiver Weg ist, um Pferden und Reitern zur Entfaltung ihres wirklichen Potenzials zu verhelfen. Beide Methoden beruhen auf Beobachtung, auf Respekt vor dem Pferd und auf einfacher und effektiver Körperarbeit, Bodenarbeit und Übungen im Sattel, die von Reitern aller Ausbildungsstufen ausgeführt werden können.

Tellington Touch Equine Awareness Method (TTEAM)

TTEAM hat sich auf der Basis von Linda Tellington Jones' klassischer Ausbildung mit Pferden entwickelt. Nur wenige Menschen auf der ganzen Welt können es mit Lindas Erfahrung und Erfolgen auf den verschiedensten Gebieten des Reitsports aufnehmen. Zu den Disziplinen, in denen sie Prüfungen auf höchstem Niveau gewonnen hat, gehören Hindernisrennen, Western Pleasure, Dressur, Damensattel, Fahren, Parcours- und Jagdspringen, Vielseitigkeit und Distanzritte. Viele Jahre widmete sie sich der Zucht und Ausbildung von Pferden und brachte 1965, zusammen mit ihrem Ehemann Wentworth Tellington, das Buch Physical Therapy for the Athletic Horse heraus. Ihr Wort und ihre Arbeit werden von Reitern aller Disziplinen auf der ganzen Welt geschätzt. Ihre nach vorn gerichtete Denkweise unterstützte sie bei der Entwicklung einer Technik, die Pferden und Reitern jeglichen Ausbildungsstandes helfen kann.

Mitte der 1970er-Jahre begann Linda in Deutschland mit Seminaren zum Umgang mit Problempferden und ihrer Korrektur. Das gleichzeitige Studium zum Feldenkrais-Practitioner für Menschen verhalf ihr zu umfassenden Einsichten in die Dynamik von so genannten Problempferden. 1978 war das offizielle TTEAM-System geboren.

Das TTEAM-Konzept betont die unauflösbare Verbindung von Körperhaltung und Verhalten. Es wird heute angewendet von Olympiareitern, Ausbildern, Tierärzten, Physiotherapeuten, Reha-Personal, Freizeitreitern und Tierschützern. Es kann allein oder in Verbindung mit anderen Methoden verwendet werden, und viele Ausbilder haben jeweils einige der Übungen für ihre eigene Technik adaptiert und genutzt. TTEAM bedient sich der Körperarbeit, der Bodenarbeit und Übungen im Sattel, um die Leistung zu verbessern und unerwünschtes Verhalten zu reduzieren – ohne Dominanz, Angst oder Gewalt.

Connected Riding

Peggy Cummings entwickelte, gestützt auf 30 Jahre praktische Erfahrung, ihr eigenes System von Körperarbeit, Bodenarbeit und Übungen im Sattel. Wie TTEAM kann dieses System dazu beitragen, Pferden über tief verwurzelte Muster von Widerstand und Verspannung hinweg zu helfen. Mit ihrer Arbeit hat sie Tausenden von Menschen geholfen, ihre Pferde zu entspannen, zu korrigieren und zu stärken und eigene Verkrampfungen zu lösen, die wiederum die Leistung ihrer vierbeinigen Gefährten beeinträchtigten oder verhinderten.

Unglaublich, aber wahr: Manchmal sehen wir Pferde jeden Tag und sind doch blind für die offensichtlichsten Dinge. Aus meiner TTEAM-Ausbildung und der darauf folgenden praktischen Arbeit weiß ich, wie wichtig es ist, nie zu vergessen, dass es so etwas wie ein symmetrisches Pferd einfach nicht gibt. Wie Menschen haben Pferde eine stärkere Seite, sind körperlich asymmetrisch und entwickeln sehr früh im Leben bestimmte Körperhaltungen. Die Haltung eines Pferdes hat direkten Einfluss auf sein Verhalten und seine Leistung, und viele Probleme wie Buckeln, Durchgehen, Steigen, Kleben, Beißen usw. lassen sich auf bestimmte Muster von ungleichen Verspannungen und blockiertem Körperbewusstsein zurückführen.

Wenn Sie lernen, welche direkten Auswirkungen jeder Teil des Körpers auf Leistung und Verhalten hat, können Sie sich daran machen, jeden Aspekt im Leben Ihres Pferdes zu verbessern – gefahrlos und wirkungsvoll. Sie können das Unmögliche möglich, das Mögliche einfach und das Einfache elegant machen. Sie können die naturgegebene Einseitigkeit des Pferdes auf ein Minimum reduzieren, ihm helfen, gesund zu bleiben oder sich von einer Verletzung zu erholen und sein volles Potenzial zu nutzen, wie auch immer Ihr Ziel aussieht. Und gleichzeitig können Sie sich an einer glücklichen und harmonischen Beziehung erfreuen.

Das Buch erklärt, wie Sie durch Beobachtung feststellen, ob die Haltung Ihres Pferdes korrekt und ob es bei der Arbeit und im täglichen Leben glücklich und zufrieden ist.

Sie erfahren, wie Sie das körperliche und seelische Wohlbefinden Ihres Pferdes verbessern können. Erfahrungsberichte einiger meiner Klienten zeigen die Verbindung zwischen Haltung, Leistung und Verhalten auf und wie mit einer bewussten Haltung und den unter **Machen Sie Ihr Pferd locker** (S. 76–146) beschriebenen Übungen eine Verbesserung zu erzielen ist.

Corinne und Sage, deren Geschichte Sie auf der nächsten Seite lesen können.

Sage und Polly

Die Geschichten von Sage und Polly ähneln einander, aber ihr Muster ist so verbreitet, dass ich beide erzählen wollte, um zu betonen, wie wichtig die Verbesserung der Haltung ist, damit der Körper effektiver arbeiten kann – ganz abgesehen von dem eigentlich zugrunde liegenden Problem. Ich frage mich oft, wie viele Pferde – wie Sage und Polly beinahe - abgeschrieben wurden, die noch voll arbeitsfähig wären, hätte sich nur jemand richtig um sie gekümmert und ihre Körperhaltung entsprechend verbessert. Ebenso frage ich mich, wie viele von den Pferden, die ganz zufrieden auf Turnieren oder im Gelände gehen, auf Röntgenaufnahmen knöcherne Veränderungen im Huf aufweisen würden. Ich fürchte, die Antwort auf beide Fragen wäre: eine Menge.

Sage, von Corinne Moore

Früher habe ich Geschichten von lahmen Pferden, die mit „alternativen" oder anderen reichlich schrägen Behandlungen geheilt wurden, gern beiseite gewischt. Ich hatte mein erstes eigenes Pferd, war glücklich und nahm ganz naiv an, dass Lahmheiten nur bei anderer Leute Pferden vorkämen, nie und nimmer bei mir und dem meinen. Wie man sich doch irren kann! Zwei Jahre später schreibe ich nun solch eine Geschichte – und ich kann Ihnen versichern, nicht alle alternativen Behandlungen sind wild oder schräg.

Sage ist eine 152 cm große Connemara-x-Vollblut-Stute. Bevor sie Lahmheitsprobleme bekam, waren wir auf kleineren Turnieren in Dressur-, Spring- und Vielseitigkeitsprüfungen auf E- und A-Niveau gestartet, hatten in der Dressur immer recht gute Noten bekommen und waren im örtlichen Reitverein ganz erfolgreich. Dann, im August 2001, zehn Tage vor unserer ersten Vielseitigkeitsprüfung, ging meine Pferdewelt zu Bruch. Sage hatte das Unterstützungsband am rechten Vorderfuß entweder überdehnt oder einen Schlag darauf erhalten. Nach absoluter Boxenruhe wurde sie unter tierärztlicher Aufsicht über sechs Monate hinweg langsam wieder antrainiert. Ich dachte, wir hätten das Schlimmste überstanden, aber Anfang April 2002, nachdem sie in einer Trainingsstunde sehr nett gegangen war, ging sie lahm.

Die Lahmheit schien beidseitig zu sein, auf einer Seite allerdings stärker, und ich rief sehr besorgt den Tierarzt. Sage wurde in der Tierklinik von zwei Tierärzten geröntgt; außerdem wurde das Bein mit Diagnosespritzen blockiert. Das Problem schien im Huf zu liegen. Ein Tierarzt diagnostizierte Hufbeinentzündung, der andere wollte sich nicht festlegen. Mein Reitlehrer und einige andere erfahrene Leute waren skeptisch, weil nichts in Sages Geschichte auf ein Hufproblem hinwies. Mangels Alternativen konnte ich nur die tierärztlichen Anweisungen befolgen, die darauf hinaus liefen, die Entzündung im Huf abklingen zu lassen. Die Vorderhufe wurden mit geschlossenen Eiereisen beschlagen, und ich sollte die Arbeit langsam steigern und harten Boden möglichst meiden. Ich gab mir alle Mühe, und es ging gut. Dann, zwei Monate später, ließ ich in einer Unterrichtsstunde die Zügel aus der Hand kauen. Als ich sie wieder aufnahm und antraben wollte, ging sie vorne ganz stark lahm. Instinktiv vermutete ich den Grund in der Schulter und dass ich sie zu früh zu stark gearbeitet hätte. Vielleicht hatte sie sich etwas gezerrt. Nach einer Woche war sie wieder in Ordnung, und wir fingen wieder an zu arbeiten. Zu diesem Zeitpunkt ließ ich, um alle anderen möglichen Probleme auszuschließen, ihren Sattel und ihre Zähne von Experten nachsehen, aber sie konnten nichts feststellen.

Am 11. Juli 2002 hatte ich Unterricht bei einem Spitzendressurausbilder. Ich erzählte ihm von den vorherigen Problemen, und deshalb machten wir nicht allzu viel. Einmal ließ ich allerdings die Zügel aus der Hand kauen, nahm sie wieder auf und wollte antraben – und wieder ging Sage urplötzlich stocklahm. Der Verzweiflung nahe ließ ich eine hoch gelobte Physiotherapeutin kommen, die zwar einiges in Hals und Rücken fand, aber nichts, was die Lahmheit hätte verursachen können. Sie erwähnte allerdings, dass es bei Sage mit der Hufbalance nicht weit her sei. Ich war bereit, alles auszuprobieren, wechselte den Hufschmied und ließ Sage, mit Einverständnis des Tierarztes, wieder konventionell beschlagen, unter besonderer Beachtung der Balance und der Vergrößerung der Gewicht tragenden Oberfläche.

Ich war immer noch überzeugt, dass die Lahmheit aus dem Rücken und/oder der Schulter kam, aber nachdem ich mir die Meinung so vieler Experten angehört und ihre Lösungsvorschläge ohne Erfolg ausprobiert hatte, fiel mir nichts mehr ein. Weiterzumachen war Sage gegenüber unfair, also entschloss ich mich, sie aus dem Sport und der Ausbildung herauszunehmen und jemanden zu suchen, der mit ihr spazieren reiten würde. Sage ist ein rundum unkompliziertes Pferd. Wäre sie ein Mensch, wäre sie gut Freund mit jedem. Ich wollte, dass sie gesund wurde, aber wenn das nicht möglich war, sollte sie wenigstens glücklich sein, und sie liebt Ausritte. Zuvor aber folgte ich trotz einiger Skepsis dem Rat einer Freundin und nahm Sage am 17. August 2002 – ein Jahr nach der Verletzung – mit zu TTEAM-Practitioner Sarah Fisher.

Sarahs intuitive, aber zupackende Art verblüffte mich. Vor nicht allzu langer Zeit hätte ich mich über den Begriff „ganzheitlich" noch mokiert, aber genau so betrachtete Sarah meine Stute. Anstatt die Probleme – Hufe, Rücken, Sattelzeug – einzeln und isoliert anzugehen wie alle anderen zuvor, sah Sarah Sage als eine große „Maschine" mit vielen Zubehörteilen. Sie wies auf einzelne Bereiche hin, wo diese Maschine nicht ordnungsgemäß arbeitete, und erklärte den Einfluss, den ein Teil auf die Arbeit der anderen hatte. Sarah fand Sage „im Rücken blockiert", die rechte Schulter sei nicht so frei beweglich wie die linke und das Becken verzogen. Außerdem machte sie auf Muskelschwund in der Sattellage aufmerksam und sagte, der Sattel setze den Reiter nach links. Sie empfahl eine Zahnuntersuchung bei Lucinda Stockley, einer auf Pferde spezialisierten Dentistin, und eine Rückenkontrolle bei Leigh Miller, einem McTimoney-Chiropraktiker. Zusätzlich sollte ich einen breiteren Sattel verwenden und viel in hügeligem Gelände reiten, um Sages Muskeln wieder aufzubauen. Und TTEAM-Übungen an der Hand sowie TTEAM-Körperarbeit.

Meine Vernunft sagte mir, ich sei mal wieder auf dem Holzweg und würde nur wieder sinnlos Geld ausgeben. Schließlich hatten ziemlich viele Leute genau diese Punkte bereits überprüft – was sollte das also? Aber seien wir ehrlich: Wenn es nach der Vernunft ginge – hätten wir dann überhaupt Pferde? Alles, was Sarah erklärt hatte, war sichtbar und/oder logisch. Ich vertraute ihr einfach und war gewillt, ihren Weg mitzugehen. Sage war beim Zahnarzt und ließ sich den Rücken nach McTimoney bearbeiten. Ich lieh mir einen extra breiten Sattel und unterpolsterte ihn mit vielen Sattelpads, und wir ritten sechs Wochen lang hügelauf, hügelab und auf geraden Linien. Es schien alles gut zu gehen, aber ich hatte riesige Angst davor, mehr zu verlangen und alles wieder kaputt zu machen. Deshalb schickte ich Sage am 6. Oktober 2002 für zwei Wochen in die Reha zu Sarah Fisher, die jeden Tag TTEAM-Körperarbeit mit ihr machte und sie an der Hand oder unter dem Sattel über TTEAM-Stangen arbeitete. Schließlich wurde sie noch mit einem Balance-Sattel ausgerüstet. Darauf kam es nun auch nicht mehr an.

Jetzt haben wir April 2003. Sage wird wieder voll gearbeitet – gerade mal sechs Monate nach ihrem Aufenthalt bei Sarah -, und vor einem Monat sind wir erstmals wieder in einer kleinen Dressurprüfung gestartet. Sage ist nicht nur gesund, sie geht auch besser denn je, mehr vorwärts und mit mehr Engagement. Sie hat so viele Muskeln angesetzt, dass ihr keine Decke mehr passt, und neue Zügel musste ich auch kaufen – 5 cm längere! Auf den Turnieren sagen Leute, die uns eine Weile nicht gesehen haben, dass sie ein total anderes Pferd geworden ist. Sogar Dressurrichter haben gesagt, wenn sie mich nicht erkannt hätten, hätten sie nie geglaubt, dass sich der Gang eines Pferdes derart dramatisch verändern könne. Ich habe Videos von Dressurprüfung „davor" und „danach" – der Unterschied ist umwerfend. Bis jetzt waren wir in jeder Prüfung platziert. Man hat mir nahegelegt, sie eintragen zu lassen, und letzte Woche haben wir sogar einen Sprung über zwei sehr bodennahe gekreuzte Stangen geschafft, ohne uns die Beine zu brechen. Von Hufbeinentzündung keine Spur mehr. Vor allem aber ist Sage gesund und glücklich – hoffentlich noch lange.

Polly, von Sarah Fisher

Jo traf ich, als ich auf dem Hof ihrer Freundin mit einer schwierigen Stute arbeitete. Als ich damit fertig war, erzählte sie mir Pollys Geschichte. Jo hatte Polly, eine hübsche Cob-Stute, gekauft, nachdem sie ihr altes Pferd in Rente geschickt hatte. Sie wollte mit ihr an Show-Prüfungen teilnehmen und hatte sie vor dem Kauf gründlich untersuchen lassen. Deshalb war sie auch sehr bestürzt, als Polly bald darauf immer mal wieder lahm ging. Nach vielen Untersuchungen lautete die Diagnose auf Knochenveränderungen in den Hufen. Jo war am Boden zerstört. Man empfahl ihr, die Stute aus dem

Sport zu nehmen, was sie auch tat. Mir gegenüber erwähnte sie mehrfach, dass sie es nicht ertragen könne, mit einem Reha-Programm zu beginnen, nur um wieder enttäuscht zu werden. Sie liebte Polly sehr und dachte, wie Corinne mit ihrer Sage, daran, sie als Beistellpferd abzugeben, weil sie sich den Unterhalt von zwei Koppelpferden und den Kauf eines dritten Pferdes nicht leisten konnte.

Als ich Polly sah, war ich überwältigt von der Präsenz und dem Temperament dieser schönen Stute. Sie war erst sieben, und es erschien tragisch, dass sie ihr Potenzial nie sollte entfalten können. Wenn ich Pferde in Bewegung betrachte, achte ich gleichzeitig auf das Gesamtbild und auf kleine Anzeichen von Verspannung. Polly trug den Kopf unnatürlich hoch, und ihre Bauchlinie war gut entwickelt, während es der Oberlinie an Muskeln fehlte. Das Genick war leicht schräg gestellt, aber der Halsansatz war so verkrampft, dass die Schulter kaum markiert war. Der Rücken war gespannt wie ein Trommelfell, und im Brustbereich waren unbewegliche kleine Dellen, wo das Bindegewebe sich zurückgebildet hatte. Sie bewegte sich mit kurzen, ungleichen und holprigen Schritten, und der Rumpf war auf der rechten Seite blockiert und steif.

Ich erklärte Jo, dass wir einfach da anfangen würden, wo wir könnten, und dass wir bei dem Versuch, Pollys Haltung zu verändern, vermutlich immer zwei Schritte vor und einen zurück machen würden. Ich zeigte ihr alle Griffe zur Entspannung von Hals und Genick, zum Rückenheben und zum Ausrichten der Schultern und stellte ein Übungsprogramm für zwei Wochen bis zu unserem nächsten Treffen zusammen. Wir arbeiteten Polly im Labyrinth, führten sie in der „Brieftaube", und Jo lernte, wie sie Polly mit TTouches im Genick und Gleiten an der Führleine dazu bringen konnte, den Kopf zu senken (die Übungen werden später im Einzelnen erklärt).

Jo ist eine dieser Traumkundinnen – optimistisch, realistisch, sensibel auf das Pferd eingehend und zuverlässig, was die Arbeit anbetrifft. Als wir Polly zum zweiten Mal sahen, hatte sich ihre Haltung deutlich verändert. Die Bauchlinie war weich, fast wabbelig, die Oberlinie fing an sich auszuprägen. Der Rücken war elastisch, und die Schultern waren, was uns nicht überraschte, viel freier, ebenso wie, logischerweise, der Schritt.

Ich arbeitete mit Polly den Sommer über und steigerte allmählich die Übungen. Sie verbesserte sich ständig und kontinuierlich. Wir begannen mit der Arbeit unter dem Reiter, und Jo ritt sie ohne Sattel spazieren. Bei den Übungseinheiten ritten wir sie mit dem TTEAM-Balancezügel und meinem breiten Sattel. Außerdem zeigte ich Jo einige von Peggy Cummings' Connected-Riding-Techniken (siehe S. 5), um Polly im Genick, im Hals, im Rumpf und Rücken durchlässig zu machen. Jedes Mal, wenn wir die Arbeit oder den Schwierigkeitsgrad der Übungen steigerten, hielt ich den Atem an, aber der kurze, holprige Gang war Schnee von gestern. Selbst im Galopp bewegte sich die Stute frei vorwärts.

Als ich Polly das letzte Mal sah, war alles wieder im Lot. Sie war wieder beschlagen, und Jo beschäftigte sich mit möglichen Sätteln. Monatelang hörte ich nichts mehr und fragte mich, wie es wohl ausgegangen war. Dann, ich legte gerade letzte Hand an dieses Buch, kam die folgende E-Mail:

Hi, Sarah,

nur eine kurze Notiz, damit Du weißt, dass es Polly gut geht und wir gerade mit den Show-Prüfungen angefangen haben. Sie hat drei Championate gewonnen und war einmal Zweite. Letzte Woche waren wir auf unserem ersten offiziellen Turnier, wo sie Reservesiegerin wurde. Polly ist ein Traum und benimmt sich auf Turnieren immer mustergültig.

Ich kann Dir nicht genug danken dafür, dass Du Polly das Leben zurückgegeben hast.

Das war's für heute, und noch einmal vielen, vielen Dank.

Jo und Polly

Ich staune immer wieder, was diese Arbeit bewirken kann. Und nicht ich habe das Pferd verändert. Es war Jo, die die Zeit aufbrachte und alles willig aufnahm, was ich glücklicherweise lernen durfte und nun weitergeben kann. Pollys Geschichte ist nur einer der Gründe, warum ich das tue, was ich tue. Und mit ein wenig Wissen, ein bisschen Geduld und dem Wunsch, bei Ihrem Pferd etwas zu verändern, können Sie es auch.

Körpersprache

Wenn Sie verstehen, wie Körperhaltung und Verhalten miteinander zusammenhängen und sich gegenseitig beeinflussen, können Sie an der Körperhaltung ablesen, warum ein Pferd sich in bestimmten Situationen so und nicht anders verhält. Dieses Wissen ist wertvoll, wenn Sie beim Pferdekauf nicht nur auf die Aussagen des Vorbesitzers angewiesen sein wollen oder wenn bei einem Ihrer Pferde Probleme auftreten.

Der Anfang

Gelingt es, eine unerwünschte Haltung durch eine funktionellere zu ersetzen, hat nicht nur körperliches Unbehagen ein Ende, sondern Körper und Hirn können auch viel besser funktionieren. Ein Pferd, das sich im Gleichgewicht bewegt, ist weniger anfällig für Verletzungen und bleibt eher gesund, denn Stress schädigt das Immunsystem. Es lernt schneller, ist unkomplizierter im Umgang und allgemein verlässlicher in Leistung und Verhalten. Durch einfache und erprobte Techniken des Körpermanagements können Sie dem Pferd zu einem freieren Bewegungsablauf verhelfen.

Spannungsmuster

Spannung ist nicht immer unerwünscht. Spannung und Stress sind unerlässlich, damit Strukturen tragfähig bleiben, aber sie müssen so gleichmäßig wie möglich verteilt sein, um Überlastung in einem oder mehreren Bereichen zu verhindern. Von Spannungsmustern spricht man, wenn bestimmte Bereiche des Pferdekörpers verspannt oder nicht ins Bewusstsein integriert sind, weil es bestimmte Verhaltensmuster gibt, die von diesen Bereichen ausgelöst werden. So wird ein Pferd, das steigt, so gut wie immer im Genick und oberen Halsbereich verspannt sein. Spannungsmuster können offensichtlich sein und die natürliche Bewegung des Tieres mehr oder weniger beeinträchtigen, sie können aber auch subtil und weniger leicht zu erkennen sein. Alle aber haben Einfluss auf die Art und Weise, wie das Pferd auf emotionaler, mentaler und physischer Ebene funktioniert.

Ursachen für Spannungsmuster können ein Geburtstrauma, mangelhaftes Training, schlecht versorgte Zähne und Hufe, unpassendes Sattelzeug, Verletzung, Krankheit, Stress oder nicht pferdegerechte Haltung sein. Auch die Anatomie spielt eine wichtige Rolle. Manche Pferde werden mit einer ererbten Tendenz zu Haltungsfehlern geboren, die Einfluss auf Umgang und Training in den ersten Jahren haben kann. Menschen ahmen Haltung und Verhalten ihrer Umgebung nach, und bei Pferden ist das höchstwahrscheinlich ebenso.

Wenn man sich Zeit für alle Fragen nimmt, so unwichtig sie erscheinen mögen, hat das Pferd bessere Chancen, bei seiner Arbeit gesund und glücklich zu bleiben. Weil Spannungsmuster Einfluss auf das Denken, Fühlen und Lernen des Pferdes haben, können sie seine Fähigkeiten behindern. Es hat dann Schwierigkeiten in der Ausbildung, leistet weniger, ist kontaktscheu und hat Probleme beim Schmied, beim Transport oder in ungewohnten Situationen. Kümmert man sich um diese Spannungsmuster, wird das Pferd sicherer im Umgang und beim Reiten und verwertet sein Futter besser, weil sein Stoffwechsel umso effizienter wird, je mehr sich sein Stresspegel reduziert. Ein Pferd ist unfähig zu lernen, wenn es Angst oder Schmerzen hat oder unter Spannung steht. Demzufolge müssen bei einem Pferd, das sich wohlfühlt, die Lektionen auch viel weniger häufig wiederholt werden.

Ein Pferd für unerwünschtes Verhalten zu bestrafen, es zu etwas zu zwingen oder gewaltsam über ein körperliches Problem hinweg zu reiten, verschlimmert nur bereits bestehende Spannungsmuster und schafft neue. Wenn Sie dagegen lernen, Spannungsmuster zu erkennen, können Sie erstens positive Schritte unternehmen, um sein Wohlbefinden zu verbessern, und zweitens in tiefere Schichten des gegenseitigen Vertrauens und Verständnisses vordringen. Vielleicht fallen Ihnen die Spannungsmuster im Pferdekörper anfangs nicht auf, aber mit wachsender Bewusstheit werden Ihre Augen immer schärfer, und auch subtile körperliche Eigenschaften werden immer klarer. Eines ist sicher: Nie wieder werden Sie Ihr Pferd so betrachten wie zuvor.

KÖRPERLICHE PROBLEME, VERHALTENSPROBLEME UND ÄHNLICHES

Verhalten und emotionales und geistiges Wohlbefinden sind eng mit der körperlichen Verfassung eines Pferdes – und daher mit seiner Körperhaltung – verbunden. Alle Faktoren beeinflussen sich gegenseitig zum Guten wie zum Schlechten. Die meisten Pferde, die als „schwierig", „launisch", „sauer", „faul", „stur" oder „durchgedreht" gelten, brauchen eigentlich körperliche Hilfe. In seltenen Fällen zeigt die tierärztliche Untersuchung ernsthafte körperliche Ursachen.

Grundlagen verstehen

In diesem Abschnitt lernen Sie Einiges über das Nervensystem, die Balance, die Eigenwahrnehmung, die Reaktionen, die sensorische Integration und das Schmerzgedächtnis des Pferdes. Für die Arbeit mit Ihrem Pferd brauchen Sie diese Informationen nicht unbedingt, aber Sie können dann leichter verstehen, warum Boden- und Körperarbeit Körperhaltung, Leistung und Verhalten so nachhaltig verbessern können.

Das Nervensystem

Das Nervensystem entdeckt Veränderungen im Körper des Pferdes wie in seiner Umgebung und reagiert darauf. Es arbeitet mit dem endokrinen System, reagiert aber schneller. Es meldet sensorische Wahrnehmungen an Verarbeitungszentren in Gehirn und Rückenmark, interpretiert die Informationen und leitet sie weiter an ausführende Organe wie etwa Muskeln, die auf die Signale antworten.

DAS NERVENSYSTEM

Das Nervensystem besteht aus zwei Teilen: dem zentralen Nervensystem und dem peripheren Nervensystem.

Das zentrale Nervensystem

- besteht aus Hirn und Rückenmark;
- erhält Informationen der Sinnesorgane wie Ohren, Augen und Haut und sendet über das periphere Nervensystem Signale an Muskeln und Drüsen.

Das periphere Nervensystem

- verbindet Hirn und Rückenmark mit dem restlichen Körper;
- führt mithilfe eines weit verzweigten Kommunikationsnetzes aus Nerven und Ganglien komplexe Aufgaben aus;
- hat zwei wichtige Unterabteilungen: das autonome und das somatische Nervensystem.

Das somatische Nervensystem

- lenkt die Muskeln für willentliche und bewusste Bewegungen.

Das autonome Nervensystem

- ist befasst mit der unbewussten Regulierung interner Körperfunktionen;
- besteht aus zwei Arten von Nervenzellen mit gegensätzlicher Wirkung: dem parasympathischen und dem sympathischen Nervensystem.

Parasympathisches Nervensystem

- ist zuständig für die Bewahrung von Energie im Körper: senkt Herz- und Atemfrequenz, sorgt für Entspannung, aktiviert das Verdauungssystem, erweitert die Blutgefäße usw.

Das sympathische Nervensystem

- bereitet den Körper auf Anstrengung inkl. Flucht vor: Muskeln werden angespannt, Herz- und Atemfrequenz erhöht, die Darmfunktion wird verlangsamt, Blutgefäße verengen sich usw.

SENSORISCHE INTEGRATION

Die Sinne arbeiten zusammen und die sensorischen Erfahrungen umfassen Berührung, Bewegung, Sehvermögen, Hörvermögen, Zug der Schwerkraft, Geschmack, Geruch und Körperwahrnehmung. Die Interpretation der sensorischen Erfahrungen durch das Nervensystem wird sensorische Integration genannt und stellt eine wichtige Basis für Lernvermögen und Verhalten dar. Studien ergaben, dass es Kindern mit schlechter sensorischer Integration oft an Eigenwahrnehmung und Selbstkontrolle fehlt, dass sie sich schlecht konzentrieren und entspannen können. Oft haben sie Schwierigkeiten, sich an neue Situationen anzupassen oder soziale Fähigkeiten zu entwickeln, sind schwerfällig und reagieren unangemessen stark oder schwach auf enge Räume, Berührung, Bewegung, ein Geräusch oder einen Anblick. Viele verhaltensauffällige oder nur langsam lernende Pferde weisen einige oder sogar alle dieser Tendenzen auf.

Balance und Eigenwahrnehmung

Balance ist der Zustand des körperlichen Gleichgewichts, in dem das Pferd sein Gewicht gleichmäßig auf alle vier Füße verteilt und sich ohne sichtbare Neuorientierung des Körpers frei bewegen kann. Selbstvertrauen und Selbstkontrolle haben Einfluss auf die Selbsthaltung und werden von ihr beeinflusst. Die Eigenwahrnehmung sagt dem Pferd, wo sich seine Füße befinden, ohne dass es hinschauen muss. Ist bei einem Pferd beides mangelhaft entwickelt, kann eine Tendenz zu Überreaktionen bestehen. Oft werden solche Pferde für dominant, aufdringlich oder ungelenk gehalten, weil sie aufgrund ihres fehlenden Körperbewusstseins ihre Führperson anrempeln oder ihr auf die Füße treten. Schwierigkeiten mit dem Gleichgewicht können auch der Grund für Transportprobleme sein.

Harley hat sichtlich Schwierigkeiten mit seiner Körperhaltung, wenn er nach links oder rechts schauen will. Sein Gleichgewicht ist schlecht entwickelt, und er ist steif im Hals, in den Schultern und im Rücken.

Im Schnitt liegen bei einem Pferd in Ruhe ca. 60 % des Körpergewichts auf der Vorhand, wobei der Schwerpunkt in etwa dort liegt, wo sich die Sitzbeine eines korrekt sitzenden Reiters befinden würden. Das Gleichgewicht ändert sich je nach Gangart des Pferdes, und wenn es den Kopf hebt, rückt der Schwerpunkt weiter nach hinten. Um die Hinterhand zu belasten, muss das Pferd sein Gewicht effektiv im Körper verteilen können. Bei falsch entwickelter Muskulatur, mangelndem Körperbewusstsein oder Verspanntheit fällt es dem Pferd schwer, in den Übergängen das Gleichgewicht zu wahren, und es wird gern auf die Vorhand fallen.

Das Pferd balanciert sich hauptsächlich mit dem Hals aus, aber auch die Augen (visuelle Balance) und das Innenohr (vestibuläre Balance) spielen eine Rolle für Stabilität und Eigenwahrnehmung. Da Augen und Ohren von Verspannungen im Hals beeinträchtigt werden können, wird auch die Fähigkeit zur Selbsthaltung durch verhärtete Muskulatur um die Halswirbel eingeschränkt.

Die natürliche Balance ist von Pferd zu Pferd verschieden und von vielen Faktoren wie Wachstumsmuster, Gebäude, Rasse, Zahn- und Hufpflege, Muskulatur, Ausrüstung, Training und natürlich der Arbeit unter dem Reiter abhängig. Die Art, wie wir ein Pferd führen und mit ihm umgehen, kann dramatische Auswirkungen auf sein Gleichgewicht haben. Auch wenn wir vom Sattel aus versuchen, das Pferd gerade und in Selbsthaltung zu reiten, stehen und gehen wir doch einen Großteil der Zeit links vom Pferd. Es ist wahrscheinlich kein Zufall, dass die meisten Pferde rechts steifer sind als links.

Wir müssen ein Pferd nicht viele Stunden an der Longe oder unter dem Sattel arbeiten, um seine Balance und sein Koordinationsvermögen zu verbessern. Die Schlüssel sind Bodenarbeit, Körperarbeit und Bewusstheit. Wenn Sie Verspannungen im Pferdekörper abbauen, jeder Einseitigkeit entgegenwirken und dem Pferd beibringen, sein Gewicht gleichmäßiger auf Vor- und Hinterhand zu verteilen, kann Ihr Pferd die Aufrichtung und Freiheit der Bewegung entwickeln, die jeder Reiter anstrebt.

TTEAM-Bodenarbeit ist ein schnelles und wirksames Mittel, um Balance und Selbstkontrolle zu verbessern.

Das Pferd lernt, sich physiologisch, geschmeidig, konzentriert und bewusst zu bewegen.

Schmerzgedächtnis

Verletzungen können schmerzhaft sein und die Bewegungsfreiheit einschränken. Auch nach der Heilung gehen manche Pferde oft nicht ganz frei. Sie haben vielleicht die Verletzung mit einer Veränderung im Gang oder der Haltung kompensiert und sind unsymmetrisch geworden, oder sie erinnern sich an den Schmerz und warten darauf, dass es wieder weh tut.

Ein verspanntes Kinn und kleine, schnelle Zungenbewegungen sind Anzeichen für Stress.

Das Schmerzgedächtnis ist ein wohlbekanntes und bei Menschen gut erforschtes Phänomen. Jay Yang vom medizinischen Zentrum der Universität Rochester sagt: „Wir glauben, dass der Schmerz nicht mehr von dem ursprünglich beschädigten Gewebe ausgeht, sondern vom zentralen Nervensystem, vom Rückenmark und vom Hirn. Die Erfahrung verändert das Nervensystem." Für das Pferd bedeutet dies, dass es sich immer noch nicht gern den Fuß aufheben oder den Sattel auflegen lässt, obwohl die Ursache längst behoben ist.

Das Schmerzgedächtnis kann frustrierend und verwirrend sein, weil u. U. schlecht einzuschätzen ist, ob das Problem noch existiert oder nicht. Das Pferd jedenfalls empfindet es noch als sehr real. Erlernte Reaktionen lassen sich mit Körperarbeit und Bodenübungen verändern, weil diese Einfluss auf das Nervensystem haben und die sensorische Integration verbessern. Verhalten Sie sich außerdem anders, als das Pferd erwartet – satteln Sie von rechts oder fassen Sie das Bein von der anderen Seite her an. Wenn das Verhalten des Pferdes mit dem Schmerzgedächtnis zusammenhängt, sollten Sie sehr bald einen Unterschied feststellen.

Körpersprache und Reaktionen

Man muss wissen, wie ein Pferd Unruhe oder Verzweiflung ausdrückt. Offensichtliche Äußerungen des Pferdes – wie Beißen, Schlagen, Quietschen, Ohren anlegen – versteht jeder Pferdebesitzer auf dieser Erde, aber Pferde verfügen über viel subtilere Zeichen, die sie zuerst einsetzen. Entgehen Ihnen diese frühen Signale, bleibt dem Pferd nichts anderes übrig, als lauter zu werden. Pferde, die sich extrem ausdrücken, haben oft das Vertrauen in ihre Fähigkeit zu kommunizieren verloren, und sprunghafte Reaktionen können ebenso zur Gewohnheit werden wie die bereits beschriebenen Gewohnheiten in Haltung und Verhalten. Wenn wir ein Pferd, das zu kommunizieren versucht, anschreien oder schlagen, bestärken wir es nur darin, Grund zur Besorgnis zu haben, und machen den Stress noch größer.

Achten Sie auf Muster. Wie Hunde, Katzen und Menschen verfügen auch Pferde über Ausdrucksmittel, die sowohl für Entspannung wie für Stress gelten. Den Unterschied erkennt man am besten daran, wie schnell und wie oft der „Ausdruck" wechselt, und an der Gesamtsituation.

So gibt es beispielsweise zwei mögliche Erklärungen für Lecken und Kauen:

- ein Zeichen der Entspannung – langsame Leck- und Kaubewegungen und eine deutliche Entspannung in Hals und Rücken;
- ein Zeichen wachsender Aufregung – kleine, häufige Maulbewegungen, begleitet von Muskelverspannung und flachem Atem. Das Pferd will entweder überhaupt nicht vorwärts gehen oder bewegt sich, falls es bereits an der Hand oder unter dem Sattel gearbeitet wird, sehr schnell.

ANZEICHEN VON UNRUHE

Achten Sie auf kleine Bewegungen ebenso wie auf deutlichere. Mit der Zeit werden Sie erkennen, ob das Pferd Informationen verarbeitet oder unruhig wird.

AUGEN – An den Augen sieht man Unruhe oder Unbehagen oft zuerst. Achten Sie darauf, ob die Augen sich verhärten oder weiten, ob sie zugekniffen werden oder die Lider „Kummerfalten" bekommen.

 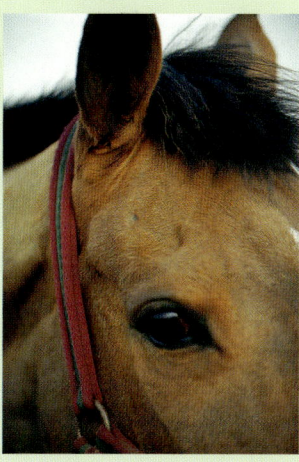

An den Augen kann man gut erkennen, wie ein Pferd sich fühlt. Oft sind kleine Veränderungen Vorboten von deutlicheren Zeichen dafür, dass das Pferd unglücklich ist.

Ein halb oder ganz geschlossenes Auge bedeutet nicht immer, dass das Pferd entspannt ist.

OHREN UND NÜSTERN – eine Veränderung am Auge ist oft gefolgt von einer Anspannung um den Ohransatz und verhärteten Muskeln um die Nüstern. Auch die Stellung der Ohren weist auf die Gemütslage hin.

ATEM – Der Atem wird flach, manchmal scheint das Pferd den Atem ganz anzuhalten.

KOPF – Der Kopf kann sowohl hoch wie tief getragen werden, wenn das Pferd sich versteift.

ABSCHALTEN – Manche Pferde schalten einfach ab, die Augen werden trüb und uninteressiert, manchmal werden sie sogar ganz geschlossen, wobei dies ebenso ein Zeichen sein kann, dass das Pferd entspannt einschläft.

WEITERE ANZEICHEN – Widerstand gegen Bewegung, Eilen, häufiges Kratzen, Reiben oder Kauen auf derselben Stelle am Körper, Scharren, gekräuselte Lippen, Sich-Abwenden, Weggehen, Kopfnicken, -wenden oder – schütteln, Bein anheben, Schweif einklemmen oder kreisen sowie Aufstampfen können Anzeichen dafür sein, dass das Pferd unsicher oder beunruhigt ist oder sich unbehaglich fühlt.

Gähnen kann Entspannung, aber auch Beunruhigung ausdrücken.

AUF EINEN BLICK

Beunruhigt	Entspannt
Häufiges flaches Seufzen und/oder Schlucken	Langsames Seufzen
Beschleunigter Herzschlag	Ruhiger, beständiger Herzschlag
Schnelle Atmung	Tiefe, regelmäßige Atmung
Speicheln und/oder Zähneknirschen	Tiefe, entspannte Halshaltung
Zusammengebissene Zähne	Entspannte Nüstern- und Maulpartie
Häufiges Gähnen	Langsames Gähnen
Zappeliges, unruhiges Verhalten	Dehnen und nachgeben

5 ANGSTREAKTIONEN

Fünf Reaktionen weisen darauf hin, dass das Pferd mit einer Situation nicht fertig wird oder sich beunruhigt fühlt. Oft gehen ihnen subtilere Signale (S. 17) voraus, oft laufen diese aber unbemerkt, weil sehr schnell ab.

Flucht

Dies ist allgemein die erste und instinktive Reaktion, denn es ergibt mehr Sinn, vor einer Gefahr zu fliehen, als in einer Konfrontation Verletzung oder gar Tod zu riskieren. Der Pferdekopf geht in die Höhe, der Rücken flacht ab. Alle Sinne sind geschärft. Das Herz schlägt schneller, und die Blutzufuhr zu den Gliedmaßen stoppt, damit die großen Muskelgruppen sowie Herz und Lunge besser versorgt und zur Flucht vorbereitet werden.

Kampf

Flucht- und Kampfreflex hängen eng zusammen. Zum Kampf kommt es gewöhnlich, wenn Flucht unmöglich ist. Echte Aggression kommt bei Pferden selten vor und weist meist auf ein tiefer liegendes Problem hin, das untersucht werden sollte.

Erstarren

Dieser Reflex tritt auf, wenn das Pferd ängstlich oder unsicher ist. Es steht still, der ganze Körper ist angespannt, der Atem wird schnell und flach, die Augen werden oft weit aufgerissen. Ein Pferd kann erstarren, wenn es beunruhigt ist, z. B. wenn es erstmals Bekanntschaft mit einem Sattel macht und besonders, wenn die Vorbereitung darauf zu schnell vonstatten ging. Das Erstarren kann falsch verstanden werden: Das Stillstehen kann mit Ruhe verwechselt werden, die Weigerung, sich zu bewegen, mit Sturheit. Reagiert es auf vortreibende Hilfen mit Buckeln, Stürmen, Rückwärtslaufen oder Steigen, zeigt dies, dass das Pferd „wie angewurzelt" dastand, weil es erstarrt war. Wenn Sie merken, dass Ihr Pferd erstarrt, hören Sie mit allem auf, was Sie gerade taten oder verlangten, und legen Sie eine Pause ein oder gehen Sie ein paar Schritte zurück zu etwas, was ihm leicht fiel. Dadurch wird sein Selbstvertrauen ebenso gestärkt wie sein Vertrauen zu Ihnen.

„Ohnmacht"

Ist das Nervensystem total überlastet und stehen andere Optionen wie etwa Flucht nicht zur Verfügung, kann das Pferd „in Ohnmacht fallen". Ein Pferd, das geschlagen und bestraft wird, weil es sich nicht verladen lässt, kann sich auf der Rampe oder auf dem Boden einfach hinlegen, ebenso, wenn es mit Hilfszügeln zu einer hohen Kopfhaltung gezwungen und dann vorwärts getrieben wird. Manche Ausbilder und Besitzer nehmen an, dass das Pferd sich nur „anstellt" und „weiß", dass es sich durch das Hinlegen einer Anforderung entziehen kann. Tatsächlich aber ist das Hinlegen eine extreme Reaktion auf einen besonders hohen Stresspegel, und kein Pferd sollte jemals so weit gebracht werden. Auch aus Angst vor Menschen kann ein Pferd zusammenklappen und sich hinlegen, sobald ein Mensch sich nähert. Beim Satteln kann es ebenfalls vorkommen und ist dann gewöhnlich mit Angst, Spannung, Schmerz oder einem drückenden Sattel verbunden.

Flucht ist die erste, instinktive Reaktion eines Pferdes, das sich beunruhigt fühlt.

Herumalbern

Das Pferd kann mit den Lippen herumspielen, in die Führleine beißen, scharren oder den Kopf schütteln, sich leicht ablenken lassen oder herumtanzen. Das Verhalten kommt meist bei jungen, gelegentlich aber auch bei älteren Pferden vor, wenn sie sich in einer schwierigen Situation befinden, bei der Arbeit an der Hand oder unter dem Sattel, beim Aufsteigen, Satteln, beim Schmied und bei der Berührung bestimmter Körperpartien. Das Herumal-bern kann leicht mit Langeweile oder Dominanz verwechselt werden, aber gewöhnlich ändert sich das Verhalten schlagartig, sobald der Auslöser, z. B. der Sattel, entfernt ist.

Oben: Ständiges Herumspielen mit den Lippen kann ein Zeichen für Angst oder Unbehagen sein.

Dieses Verhalten wird oft als Dominanz oder Ungehorsam fehlinterpretiert.

Körperliche Aspekte

Sollten Sie ein körperliches Problem vermuten, müssen Sie natürlich sofort den Tierarzt zu Rate ziehen. Bei einem Großteil der Pferde lassen sich Verspannungen und Unbehagen auf Fehlhaltung oder schlecht angepasste Ausrüstung zurückführen. Andere Ursachen sollten auf jeden Fall ausgeschlossen werden. Je nach Diagnose können die im letzten Teil des Buches aufgeführten Übungen die Heilung beschleunigen, sollten aber mit dem Tierarzt abgesprochen werden.

Wenn es um die körperliche Verfassung geht, ist einer der wichtigsten und zugleich schwierigsten Aspekte die Beurteilung, ob die Ausrüstung des Pferdes korrekt ist und ihm passt. Widersetzlichkeiten – selbst milde – etwa beim Satteln oder Eindecken, sind ein sicheres Zeichen dafür, dass das Pferd seine Ausrüstung mit Unbehagen verbindet. Finden Sie die Ursache heraus und sorgen Sie für Abhilfe. Bleiben Sie achtsam, hören Sie Ihrem Pferd zu und urteilen Sie nicht vorschnell. Auch ein gut passendes Gebiss kann beim Pferd eine Reaktion auslösen, wenn im Maul selbst etwas nicht in Ordnung ist.

Zaumzeug und Gebiss

Wenn ein Pferd mit seiner Zäumung nicht zufrieden ist, leiden darunter sein Leistungswille und seine Leistungsfähigkeit. Ein beengendes Zaumzeug stört die Bewegung im ganzen Körper. Bis zu einem gewissen Grad hat das Gebäude eines Pferdes einschließlich Maul, Kiefer, Zunge und Lippen Einfluss darauf, welches Gebiss als angenehm empfunden wird. Andere Faktoren für die Akzeptanz von Zaumzeug und Gebiss sind die Passgenauigkeit des Sattels und natürlich Haltung und Hände des Reiters.

Wie groß eine Trense sein muss, hängt von der Kopfform und –größe des Pferdes ab. Bei manchen Pferden ist es angebracht, die Standardformate zu mischen. Wenn fertige Teile nicht passen, lassen Sie sich vom Sattler welche nach Maß arbeiten. So braucht ein Pferd mit breiter Stirnpartie, wie manche Kalt- und Warmblutpferde sie aufweisen, ein weiteres Stirnband. Größe und Form der Ohren bestimmen, ob das Genickstück als angenehm empfunden wird oder nicht.

Heute sind speziell geformte und abgepolsterte Genickstücke auf dem Markt, die sich wirklich positiv auf die Bewegung des Pferdes auswirken können. Für

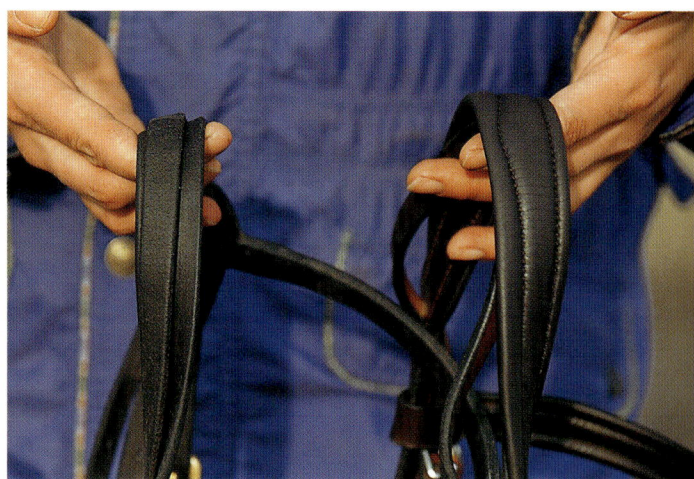

Die „Elevator"-Trense verteilt den Druck des Genickstücks über eine breitere Fläche.

Pferde, die empfindlich im Genick sind oder ständig Probleme im Hals oder unter dem Reiter haben, lohnt sich die Investition in eine „Elevator" genannte Trense (nicht zu verwechseln mit einer Aufziehtrense!), bei der das Reithalfter über dem Genickstück befestigt ist statt darunter.

Ein zu enger Nasenriemen behindert die Bewegung im ganzen Pferdekörper.

Das Trensengebiss

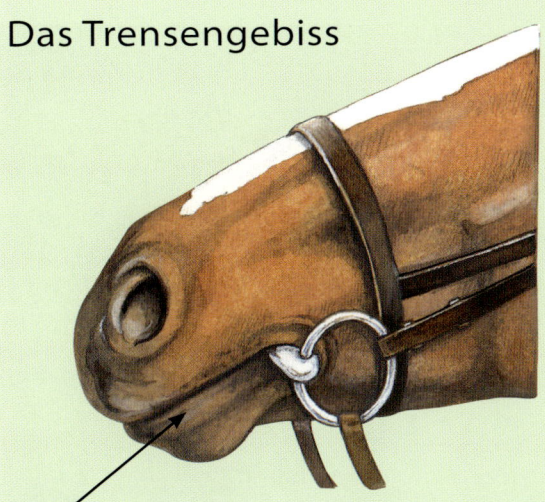

Laden

Lippen

Form und Größe der Lippen spielen bei der richtigen Lage des Gebisses eine wichtige Rolle. Ob es dem Pferd angenehm ist und welche Falten sich im Maulwinkel bilden, hängt von der Länge und Dicke der Pferdelippen ab. Da sich bei längeren, dünnhäutigen Lippen allgemein mehr Falten bilden als bei kurzen, prallen, lässt sich die richtige Lage des Gebisses nicht allein nach den Falten im Maulwinkel beurteilen. Kleben Sie nicht an einer Regel fest, seien Sie flexibel und benützen Sie Ihren gesunden Menschenverstand. Kontrollieren Sie die Lage des Gebisses im Maul, besonders in Beziehung zu den Zähnen, und vor allem: Hören Sie auf Ihr Pferd!

Laden

Laden nennt man die Zwischenräume zwischen den Vorder- und den Backenzähnen. Grobe Handhabung des Gebisses sowie das Vorhandensein von Wolfszähnen können dazu führen, dass die Laden verletzt, gequetscht oder überempfindlich werden. Überprüfen Sie die Laden, indem Sie mit dem Finger über die obere und untere Fläche fahren. Sie müssen sich flach und glatt anfühlen. Sind die Laden aufgeraut oder empfindlich, kommt es wahrscheinlich zu einer unwilligen Reaktion, wenn das Gebiss angenommen wird, beim Auf- und beim Abtrensen.

Zunge

Die Größe der Zunge ist von Pferd zu Pferd verschieden. Manche Pferde haben bei geschlossenem Maul jede Menge Platz für Zunge und Gebiss, andere nicht. Wenn ein Pferd die Zunge hoch zieht, das Maul aufsperrt oder beim Auftrensen die Zunge herausstreckt, ist dies ein Zeichen dafür, dass es Mühe hat, sich mit dem Gebiss zu arrangieren.

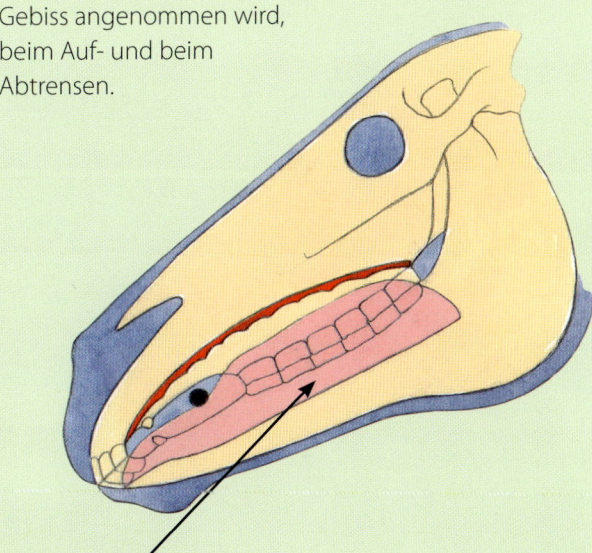

Harter Gaumen

Der harte Gaumen befindet sich im oberen, gewölbten Teil des Mauls. Bei manchen Pferden ist er hoch, bei anderen niedriger, und davon hängt es ab, wie Gebisse mit Zungenfreiheit im Maul liegen. Sie können den harten Gaumen fühlen, wenn Sie vorsichtig einen Finger zwischen den Zähnen einführen und damit über den oberen Gaumen fahren.

Ein enger Nasenriemen ist keine Voraussetzung für ein ruhiges Maul. Er behindert die Bewegung von Zunge und Kiefer, was zu Verspannungen im ganzen Körper führen kann. Ein Pferd, das zügellahm geht oder den Zügel nicht annimmt, hat möglicherweise Zahnprobleme oder andere Verkrampfungen um Maul, Kopf, Genick und/oder andere Körperteile.

Das Gebiss ist eines der wichtigsten Kommunikationsmittel zwischen Reiter und Pferd und darf nie von dem ablenken, was der Reiter erreichen will. Ein Pferd mit Maulproblemen, aus welchen Gründen auch immer, kann nicht lernen und keine volle Leistung bringen. Anzeichen für Unbehagen sind: Zungenstrecken, Zähneknirschen, Maulsperren, Zunge zurück oder übers Gebiss ziehen.

Zungenverletzungen sind nicht ungewöhnlich – dieses Pferd hatte als Fohlen einen Unfall, der seine Reitpferdeeignung aber nicht beeinträchtigte.

Über seine Beziehung zur Zunge beeinflusst das Gebiss auch andere Teile der Pferdeanatomie. Die Zunge liegt zwischen dem Ober- und Unterkiefer und ist mit dem knöchernen Zungenbein verbunden. Von hier führen kleine Muskeln zum Genick und zum Kiefergelenk, einem wichtigen Nervenzentrum für Gleichgewicht und Eigenwahrnehmung (S. 14).

Außerdem setzen am Zungenbein zwei große Muskeln an. Einer führt zum Brustbein, der andere zum Inneren der Schulter. Infolge der direkten Verbindung der Zunge zu Brustbein und Schulter kann ein unbequemes Gebiss oder ein zu enger Nasenriemen, der die Bewegungsfreiheit der Zunge einengt, zu Verspannungen von Hals, Brust und Schulter führen. Ist das Brustbein verspannt, kann das Pferd den Rücken nicht aufwölben. Der Halsansatz wird unbeweglich, die Bauchlinie ist verspannt. Gerade diese Bereiche müssen sich aber dehnen können, damit das Pferd untertreten und im Gleichgewicht arbeiten kann. Ein falsches Gebiss kann daher ein Hauptgrund für schlechte Leistung und falsche Haltung sein.

Zahnhaken können zu Geschwüren an der Zunge führen; die Zunge kann durch einen Unfall oder groben Umgang verletzt und daher verdickt, vernarbt, auf- oder sogar teilweise abgerissen sein. Eine Zungenverletzung muss Leistung nicht unbedingt ausschließen, aber Sie sollten genau hinsehen, um das für Ihr Pferd am besten geeignete Gebiss auswählen zu können.

Zungenstrecken kann ein Zeichen von Angst oder Unbehagen sein.

Das richtige Gebiss

▸ Um Passform und richtige Lage des Gebisses zu beurteilen, genügt es nicht, sich die Falten im Maulwinkel anzusehen.

▸ Sehen und fühlen Sie innen und außen am Maul nach empfindlichen Bereichen, auf die das Gebiss wirken könnte: Maulwinkel und Lippen, Zunge, Laden, oberer Gaumen, Kinngrube, Nase und Genick.

Fühlen Sie, ob das Pferd im Maul und darum herum empfindlich ist.

▸ Ziehen Sie Form und Größe des Mauls mit ins Kalkül.

▸ Ganz wichtig: Überprüfen Sie den Zustand aller benutzten Gebisse. Sie dürfen keine scharfen Kanten haben oder abgenutzt sein. Die kleinste Delle oder Erhebung kann heftige Widersetzlichkeiten auslösen. Achten Sie darauf, dass Maul, Lippen oder Zunge nicht gequetscht werden.

▸ Wenn ein Pferd sich um das Maul herum nicht gern berühren lässt, ist im Maulinnern vielleicht etwas nicht in Ordnung. Gegen allgemeine Berührungsängste am Maul helfen die auf S. 90 beschriebenen Maulübungen.

▸ Sehen Sie sich die Lippen, die Laden und den harten Gaumen Ihres Pferdes gut an, um das geeignete Gebiss zu finden. So wird ein Pferd mit fleischiger Zunge und dicken Lippen wahrscheinlich ein dickes Gebiss nicht so gern mögen.

▸ Vorsicht bei Billiggebissen! Es kann Sparsamkeit am falschen Platz sein, die billige Imitation eines teuren Gebisses zu kaufen. In der Billigversion können Balance und Aktion unbemerkt verändert sein. So sind bei manchen billigen Gebissen die durch ein Gelenk verbundenen Teile nicht ganz gleich lang, was die Balance im Maul beeinträchtigt.

▸ Probieren Sie verschiedene Möglichkeiten aus. Leihen Sie sich verschiedene Gebisse aus – so können Sie sich einen Überblick verschaffen, ohne Unsummen für ein ungeeignetes Gebiss ausgeben zu müssen. Sie können sich beraten lassen und so sicher sein, dass Sie in Bezug auf Typ und Größe die richtige Wahl treffen.

Sattel

Die Wahl des richtigen Sattels ist für viele Pferdebesitzer eine emotionale und verwirrende Angelegenheit. Sie ist aber von höchster Bedeutung, denn Satteldruck gehört zu den Hauptursachen für unerwünschtes Verhalten des Pferdes (siehe Kasten: Der richtige Sattel). Da es so viele verschiedene Marken gibt, ist es schwer, zu entscheiden, welcher für Sie und Ihr Pferd der richtige ist. Es lohnt sich, einige Zeit für die Auswahl zu investieren, um das Risiko eines sehr teuren Fehlgriffs so niedrig wie möglich zu halten.

Wenn Sie wissen, worauf Sie bei einem Sattel achten müssen, können Sie besser erkennen, wenn ein Sattel schlecht sitzt und am Ende die bestmögliche Wahl treffen. Bei einem Pferd mit Übergewicht oder bei einem, das eine Zeitlang pausiert oder infolge eines unpassenden Sattel an Muskulatur verloren hat, lohnt es sich, es eine Weile an der Hand zu arbeiten, bis sich seine Haltung verbessert hat. Sobald ein Pferd seine Schulterfreiheit zurück gewonnen hat, hebt sich ein Senkrücken fast sofort wieder

DER RICHTIGE SATTEL

All dies – und einiges mehr – kann eine Reaktion auf einen schlecht passenden Sattel sein.

▸ Verlust von Muskeltonus
▸ Senkrücken
▸ Hohe Kopfhaltung
▸ Rückenschmerzen
▸ Schulterschmerzen
▸ Halsprobleme
▸ Buckeln
▸ Klemmen
▸ Beißen
▸ Nach dem Reiterschenkel schlagen
▸ Probleme mit Übergängen und in Wendungen
▸ Schwierigkeiten beim Untertreten
▸ Zähneknirschen oder Drohen beim Satteln
▸ Schreckhaftigkeit oder Durchgehen
▸ Eine Hüftseite absenken, um das Unbehagen im Rumpfbereich der Wirbelsäule zu minimieren
▸ Beim Aufsitzen nicht still stehen

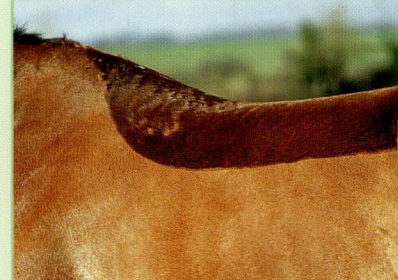

Fellunregelmäßigkeiten hinter dem Widerrist und Verlust an Muskeltonus sind Anzeichen für einen schlecht passenden Sattel.

an: Manche Pferde legen innerhalb weniger Monate um mehrere Zentimeter an Umfang zu. Wenn Sie beginnen, ein Pferd mit schlechter Haltung zu arbeiten, ist ein Sattel, der sich verändern lässt, am günstigsten.

Der Druck eines schlecht passenden Sattels kann für Pferd und Reiter zum Problem werden.

Ein neuer Sattel und ein paar einfache Übungen bewirken geradezu dramatische Veränderungen für Nokia und Sarah.

Ein richtig sitzender Sattel darf die Bewegung des Pferdes nicht behindern und weder als unbequem noch als schmerzhaft empfunden werden.

Kahle, empfindliche oder geschwollene Stellen, Sich-Aufblasen beim Satteln, verminderte Leistung oder Unmut beim Anblick des Sattels bzw. beim Satteln können frühe Anzeichen dafür sein, dass der Sattel nicht so gut passt, wie er sollte. Weitere Faktoren, die den Sitz des Sattels beeinflussen können, sind Zahnanomalien, Gewichtsschwankungen, ein schlecht ausbalancierter Reiter oder ein falsch aufgelegter Sattel.

SATTEL-CHECKS

Gute professionelle Beratung zum richtigen Sitz des Sattels ist wichtig, es gibt aber ein paar Grundregeln, mit deren Hilfe auch Sie sehen können, ob Ihr Sattel passt.

Vom Boden aus

▸ Stellen Sie das Pferd auf ebenem Boden auf und bitten Sie jemanden, es zu halten und auf eine möglichst gerade Ausrichtung von Kopf und Hals zu achten.

▸ Legen Sie den Sattel etwas nach vorn über dem Widerrist auf und schieben Sie ihn zurück, bis er seine natürliche Position erreicht hat. Er sollte deutlich hinter der Schulter liegen, mit etwa einer Handbreit zwischen Ellbogengelenk und Gurt. Oft wird der Fehler gemacht, den Sattel zu weit nach vorn zu gurten, wodurch Balance und Sitz des Sattels sich negativ verändern und die Schulterfreiheit leidet.

▸ Betrachten Sie den Sattel von beiden Seiten. Er sollte gut ausbalanciert, die Sitzfläche eben sein. Geht sie schräg nach unten oder oben, wird der Reiter falsch hingesetzt und kippt nach vorn oder hinten, mit der Folge von Rückenschmerzen sowohl fürs Pferd wie für den Reiter. Der Hinterzwiesel darf nicht über die letzte Rippe hinausragen. Ein zu langer Sattel drückt auf die empfindliche Nierenpartie.

▸ Fahren Sie mit der Hand unter den Pauschen am Pferdekörper entlang und achten Sie auf ungleichmäßigen Druck im Bereich der Ortspitzen. Der

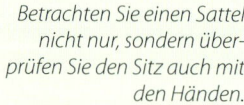

Betrachten Sie einen Sattel nicht nur, sondern überprüfen Sie den Sitz auch mit den Händen.

Vorderzwiesel darf weder auf den Widerrist noch auf die Schultern drücken.

▸ Üben Sie mit einer Hand von oben Druck auf den Sattel aus und fahren Sie mit der anderen Handfläche nach oben, unter dem Sattel von vorn nach hinten über den Pferderücken. Achten Sie auf gleichmäßigen Kontakt und eine glatte Oberfläche. Wichtig sind ebenso eventuelle Druck- wie auch fehlende Berührungspunkte. Liegt der Sattel in der Mitte nicht satt auf, entstehen auf dem Pferderücken gewöhnlich vier Druckpunkte – zwei vorn und zwei hinten. Druck vom Vorderzwiesel kann zu Scheuen und Eilen beitragen, Druck vom Hinterzwiesel kann ein Pferd zum Buckeln verleiten.

▸ Bei manchen Sätteln ist der Baum zwar weit genug, aber die Steigbügelaufhängungen können drücken.

▸ Vergewissern Sie sich, dass zwischen Widerrist und Vorderzwiesel genügend Luft ist. Es sollten mindestens drei Finger übereinander Platz haben.

▸ Die Sattelkammer muss auch breit und hoch genug sein, dass sie das Rückgrat des Pferdes frei lässt und nirgends drückt. Zu eng (weniger als drei Finger breit) behindert sie das Pferd in der Vorwärtsbewegung und in der Wendung und kann zu Schwellungen beiderseits der Wirbelsäule führen. Um zu beurteilen, ob die Sattelkammer für Ihr Pferd weit genug ist, ertasten Sie die Breite von Rückgrat und Gewebe mit den Fingern. Diese Breite muss bequem in der Sattelkammer Platz haben, so dass der Sattel rechts und links auf den langen Rückenmuskeln aufliegt und nirgends auf die Wirbelsäule drückt.

▸ Beachten Sie beim Satteln sorgfältig die Reaktionen Ihres Pferdes. Schließlich ist es das Pferd, das den Sattel tragen muss. Achten Sie auf Veränderungen im Blick oder im Ohrenspiel, ganz zu schweigen von noch deutlicheren Symptomen von Unruhe und Angst, während Sie den Sattel auflegen und den Sitz wie oben überprüfen.

Vom Sattel aus

▸ Bitten Sie jemanden, alle Punkte noch einmal zu überprüfen, während Sie im Sattel sitzen.

▸ In der Bewegung darf der Sattel nicht nach vorn oder hinten gleiten, nicht übermäßig auf- und abwippen oder von einer Seite zur anderen schwanken.

▸ Sehen Sie sich an, wie das Pferd nach dem Satteln steht. Wartet es ruhig und entspannt, dass Sie aufsitzen, oder ist es in Wirklichkeit einfach erstarrt (S. 18)? Zappelt es herum? Wartet es auf Ihre Hilfe zum Antreten oder geht es los, sobald Sie den Fuß in den Steigbügel setzen? Bewegt es sich frei und taktmäßig oder fühlt es sich ungleich und gebunden an? Kann es sich dehnen und strecken oder schlägt es mit dem Kopf und spielt den Sterngucker? Zackelt es?

▸ Was haben Sie selbst für ein Gefühl? Sind Sie im Gleichgewicht oder werden Sie zur Seite, nach vorn oder hinten gesetzt? Fühlt sich das Pferd unter Ihnen gleichmäßig an, oder haben Sie das Gefühl, dauernd auf eine Schulter geschoben zu werden? Haben Sie das Gefühl, mit einer Hüfte die Vorwärtsbewegung des Pferdes zu blockieren?

Satteldecken und Schabracken

Auch was unter dem Sattel liegt, sei es eine Satteldecke oder ein Pad, trägt dazu bei, dass das Pferd sich wohlfühlt. Anatomisch geformte Sattelunterlagen (mit einer Ausbuchtung für den Widerrist), schonen den Widerrist. Verschiebt sich die Decke, wenn das Pferd arbeitet, passt der Schnitt vielleicht nicht zum Pferd oder zum Sattel.

Anatomisch geformte Satteldecken mindern das Risiko von Druckproblemen auf dem empfindlichen Widerrist.

Decken

Probleme beim Eindecken hängen oft mit Problemen beim Satteln und Unbehagen im Schulter-, Widerrist- oder Rückenbereich zusammen. Wenn ein Pferd sich gegen das Eindecken wehrt, ist dies keine schlechte Angewohnheit. Das Pferd ist auch nicht einfach „sauer". Selbst Beißer und Schläger machen eine dramatische Wandlung durch, sobald die Ursache des Problems behoben ist.

Auch bestens passende Decken können beim Wälzen oder Aufstehen Probleme bereiten. Geben Sie dem Pferd wenn irgend möglich die Gelegenheit, sich in der Halle, im Stall oder auf der Koppel einige Zeit ohne beengende Decke zu bewegen. Das Wälzen ohne Decke ist eine Wohltat für Pferderücken, Fell und Allgemeinbefinden. So werden Verspannungen im Körper nach der Arbeit oder einer längeren Ruhepause abgebaut.

Auch die beste Decke kann hinderlich sein, wenn ein Pferd nach dem Wälzen aufstehen will.

Decken-Check

So überprüfen Sie, ob die Stalldecke passt:

▸ Zwischen Hals und Schultern muss viel Platz für Bewegung sein.

▸ Sie darf nicht auf den Widerrist drücken, wenn das Pferd den Kopf nach unten nimmt – der Halsansatz nimmt im Durchmesser um einige Zentimeter zu, wenn das Pferd den Kopf senkt.

▸ Sie darf sich im Laufe des Tages oder der Nacht nicht nach hinten ziehen, weil sonst der Druck auf Hals, Widerrist und Schultern stärker wird.

▸ Sie muss lang genug sein, um gut über die Kruppe zu reichen.

▸ Sie muss seitlich lang genug sein, um den Körper vor Nässe und Kälte zu schützen.

▸ Das Pferd darf sich beim Aufstehen nicht darin verfangen.

Hufe

Wie gut sich ein Pferd körperlich und seelisch fühlt, kann auch vom Zustand seiner Beine und Hufe abhängen, und dieser wiederum wird beeinflusst von Ernährung, Körperhaltung, Training und Haltungsbedingungen. Der perfekte Huf existiert ebenso wenig, wie das perfekte Pferd, aber je mehr Sie von den Beinen Ihres Pferdes verstehen und sie entsprechend pflegen, desto länger können Sie ihm Gesundheit und Beweglichkeit erhalten.

Eisen verbogen, Strahl ungleich und Tragrand uneben - mit negativen Auswirkungen auf alle Gelenke.

Dieser Huf ist besser ausbalanciert, das Eisen sorgt für gleichmäßige Unterstützung.

Die Vorderbeine sorgen für Stabilität und in der Bewegung für seitliches Gleichgewicht, die Hinterbeine für Schubkraft. Gemäß ihrer etwas anderen Aufgabe sollten Vorderhufe ein wenig runder sein als Hinterhufe. Hufe und Zähne wachsen auch beim erwachsenen Pferd weiter, brauchen also ständige Aufmerksamkeit. Es ist falsche Sparsamkeit, die Hufe nicht regelmäßig ausschneiden zu lassen. Ideal ist, wenn der Schmied im Abstand von sechs Wochen nach dem Rechten sieht, damit die Zehen nicht zu lang werden und die Trachten sich nicht unterschieben. Müssen die Hufe erst korrigiert werden, muss er vielleicht auch öfter nachsehen. Ein Huf darf nur sehr allmählich verändert werden, am besten zusammen mit der entsprechenden Körperarbeit oder anderen Therapien, damit sich die ganze Körperhaltung des Pferdes langsam und gradweise verändern kann.

Auf dem Huf ruht das gesamte Skelett, ein Ungleichgewicht an dieser Stelle hat Einfluss darauf, wie die Energie, die sich im Huf beim Aufprall entwickelt, durch die Gelenke und das Gewebe weitergeleitet wird. Viele Probleme an Sehnen, an Karpal- oder Sprunggelenken oder Verspannungen in Schulter, Rücken oder Hüften lassen sich auf schlecht ausbalancierte Hufe zurückführen.

Ebenso haben Spannungen im Rücken, in den Schultern oder Hüften zusammen mit dem Gebäude an sich Einfluss auf das Gleichgewicht des Pferdes und auf die Verteilung des Gewichts über die Hufe. Ob ein Huf ausbalanciert ist, lässt sich durch einfache Beobachtung feststellen. Ein ausbalancierter Huf trifft mehr oder weniger gleichmäßig auf den Boden auf, und das Gewicht des Pferdes ist, im Stand wie in der Bewegung, gleichmäßig über alle vier Hufe verteilt.

Wie bei allen Aspekten der Pferdehaltung ist auch die Hufpflege nicht isoliert zu sehen.

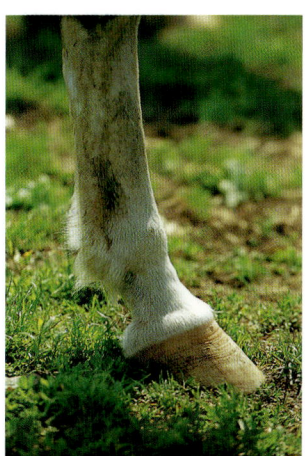

Lange Zehen und untergeschobene Trachten verändern Gleichgewicht und Bewegung des Pferdes.

Für die korrekte Hufpflege ist nicht nur der Schmied verantwortlich.

Zähne

Der Druck auf die Pferde wächst, weil von ihnen heute immer früher immer mehr Leistung erwartet wird. Selbst Pferde für den Freizeitreiter werden heute oft schon mit drei Jahren angeritten. Der Zahnwechsel findet im Alter zwischen zwei und fünf Jahren statt, das heißt, genau zu der Zeit, in der das Pferd das Gebiss kennenlernt, sich im Gleichgewicht bewegen und mit dem Reitergewicht arrangieren soll.

Nicht gewechselte Milchzähne und allgemeine Veränderungen im Zahnbereich können zu Verhaltensproblemen führen, weil sie in dem im Wachstum befindlichen Körper des jungen Pferdes Schmerzen, Verspannungen und Ungleichgewicht auslösen können. Halfter oder Trense können unbequem werden, und der Grad des Wohlbefindens wirkt sich auf die Toleranzschwelle aus: Viele Probleme im Umgang mit Pferden jeden Alters lassen sich auf Probleme in der Mundhöhle zurückführen.

Werden im Verlauf des Wachstums Zahnprobleme übersehen, kann darunter der Allgemeinzustand leiden, weil die ungleichmäßige Belastung, der Bänder und Gelenke am Kopf ausgesetzt sind, sich auf den übrigen Körper auswirkt.

Das Maul spielt eine entscheidende Rolle für die Leistungsbereitschaft des Pferdes. Spannungsmuster können durch Zahnprobleme verursacht werden, oder die Folge von Zahnproblemen sein. Zum Beispiel:

▸ Wenn ein Pferd Kopf und Hals senkt, bewegt sich der Unterkiefer leicht nach vorn. Haben sich die Zähne ungleich abgenutzt, so dass Zahnhaken oder ähnliche

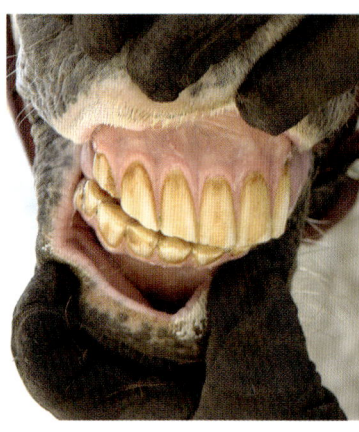

Der verschobene Kiefer, „dicke Backen" und glanzloses Fell weisen auf Zahnprobleme hin.

Das Pferd wehrt sich gegen den rechten Zügel. Die Wurzel des Übels lag im Maul, das völlig aus dem Gleichgewicht ist.

Anomalien entstanden sind, ist diese Bewegung eingeschränkt, und das Pferd muss das Maul öffnen, wenn es mit einem Gebiss arbeiten soll.

▸ Zahnhaken, fehlende oder vorstehende Zähne und andere Anomalien können der Grund dafür sein, dass sich ein Pferd einseitig auf den Zügel legt. Dadurch ist das Gewicht ungleich auf die Pferdebeine verteilt, was zu Asymmetrien der Muskulatur führt. Es kommt zu Taktfehlern im Gang, das Pferd geht „zügellahm". Es kann sich andererseits aber auch ständig hinter dem Zügel verkriechen oder mit einem „falschen Knick" gehen. Ein aufgerollter Hals schränkt die Sauerstoffzufuhr ein, was Stress und Ermüdung zur Folge hat.

▸ Lange oder scharfe Haken- und Wolfszähne behindern die Wirkung des Gebisses und können die Zunge verletzen. Sie können so plötzlich einen extremen Schmerz verursachen, dass das Pferd geradezu „explodiert". Sie können aber auch die Ursache dafür sein, dass das Pferd gar nicht erst vorwärts gehen will oder sich gegen das Auftrensen oder das Gebiss wehrt.

Die Balance im Pferdemaul kann durch falschen Reitersitz, unpassendes Sattel- und Zaumzeug, ungeeignete Fütterung oder falsches Training stark beeinträchtigt werden. Regelmäßige Zahnuntersuchungen sind unabdingbar für die allgemeine Gesundheit des Pferdes.

Die knöcherne Auftreibung am Unterkiefer (beidseitig vorhanden) stammt von Milchzähnen, die nicht gewechselt wurden. Kein Wunder, dass sich das Pony nicht fangen lassen wollte. Das Problem wird nun in einer Tierklinik behandelt.

Regelmäßige Zahnuntersuchungen sind unabdingbar für das Wohlbefinden des Pferdes.

Haltung des Reiters

Die Haltung des Reiters beeinflusst das Gleichgewicht des Pferdes, den Sitz des Sattels, die Abnutzung der Zähne, die Muskelentwicklung und die Leistung; sie wird aber auch selbst von diesen Komponenten beeinflusst. Ein schiefer Reiter macht das Pferd schief und umgekehrt.

Häufige Sitzfehler des Reiters sind: den Rücken krumm oder hohl machen, in der Hüfte einknicken, eine Hand hoch oder fest, Schulter oder Schultern hochziehen, das Becken vor- oder zurückkippen, ständig nach unten sehen. All diese Angewohnheiten haben negativen Einfluss auf das Pferd und führen zu ungleicher Muskelentwicklung. Andererseits führt ein ungleich gehendes Pferd dazu, dass der Reiter zu kompensieren versucht – ein Teufelskreis.

Natürlich ist Hilfe vom Boden aus wertvoll, aber auch ohne fremde Hilfe können Sie Ihren Sitz durch kleine

Durch Einknicken in der Hüfte wird der Zügelkontakt ungleich und das Engagement der Hinterhand eingeschränkt.

Veränderungen verbessern: durch eine andere Fußposition im Bügel oder eine andere Beckenposition, durch Aufpolstern des Sattels auf einem ungleich bemuskelten Pferd oder indem Sie durch Bodenarbeit mit dem Pferd das eigene Gleichgewicht verbessern.

Wird ein Pferd von jemandem geführt, der selbst nicht im Gleichgewicht ist, neigt es dazu, auf der Vorhand zu gehen, sich im

Ein Pferd, das den Rücken wegdrückt …

Stützt der Reiter sich nur mit dem Zehenansatz im Bügel ab, entsteht Spannung in Pferd und Reiter.

Der Bügel unter dem Fußballen verhindert, dass der Reiter sich in der Hüfte versteift; der Pferderücken kann sich dehnen und aufwölben.

Hals zu versteifen und/oder sich leicht dem Menschen zuzuneigen. So entwickeln sich Gewohnheiten, die später, unter dem Reiter, nur schwer abzustellen sind. Wenn Sie sich über Ihre eigenen Haltungsgewohnheiten im Klaren sind und Schritte zur Verbesserung unternehmen, stehen Sie am Anfang einer dramatischen Veränderung im Gang Ihres Pferdes.

… oder sich schleppend bewegt, geht zwangsläufig auf der Vorhand und nicht über den Rücken.

Ist die Führperson nicht im Gleichgewicht, kompensiert das Pferd, mit der Folge von ungleicher Muskelentwicklung.

Pferde-
beurteilung

Zur Pferdebeurteilung gibt es hauptsächlich drei Wege: Schauen, Hören, Fühlen.
Sind Sie nicht vertraut damit, ein Pferd
auf diese Weise zu beurteilen, fangen Sie
mit etwas Einfachem an, etwa der Kopf-
oder Schweifhaltung. Verlieren Sie nicht
den Mut, falls Ihnen nicht alles auf An-
hieb klar wird. Wie bei allen Aspekten der
Pferdepflege braucht man auch bei der
Beurteilung praktische Erfahrung, und
manche Menschen sehen einfach mehr
als andere. Machen Sie sich wöchentlich
oder monatlich Notizen, seien Sie offen für
alle Eindrücke und bewahren Sie sich vor
allem eine positive Einstellung. Sie sollen
nicht zum Fehlergucker werden, sondern
Ihr Pferd auf einer ganz neuen Ebene kennen und verstehen lernen. Je mehr Sie
über seine Gewohnheiten wissen, desto
eher fallen Ihnen Veränderungen auf.

Schauen – die Körperhaltung

Machen Sie es sich zur Gewohnheit, Ihr Pferd längere Zeit nur zu beobachten. Ihr Blick sollte das Gesamtbild weich aufnehmen, statt Einzelheiten festzuhalten. Beobachten Sie das Pferd einen Augenblick und blinzeln Sie dann oder schauen Sie weg. Dadurch sehen Sie oft mehr. Überprüfen Sie Ihre Eindrücke aber immer wieder, ob es sich wirklich um ein Muster oder nur um ein momentanes Gehen oder Stehen handelt.

Schauen Sie, wie sich das Pferd in der Box bewegt oder wie es ruht. Wenn es auf der Koppel frei läuft, achten Sie auf leichte, freie Bewegungen, gut im Takt und im Gleichgewicht, Vorder- und Hinterbeine gleich hoch und gleich weit im Vortritt. Betrachten Sie seine Muskeln. Sind sie auf beiden Seiten gleich entwickelt oder auf einer Seite stärker?

Wie stellt es sich hin? Gleichmäßig auf alle vier Beine oder mit einem Vor- oder Hinterbein nach vorn oder hinten heraus? Ruht es immer auf demselben Hinterfuß?

Selbst beim Freilaufen auf der Koppel macht sich diese Stute steif im Halsansatz und in der Schulter.

Auch dieses Pferd ist fest in Schultern und Rücken. Die mangelhafte Oberlinie vor dem Widerrist deutet darauf hin, dass es sich gewöhnlich mit hohem Kopf bewegt.

Steht es mit weit gespreizten Vorder- und eng aneinander gestellten Hinterhufen oder umgekehrt?

Von vorn

Betrachten Sie das Pferd im Stand von vorn. Sehen Sie sich die Nase an. Sind die Nüstern gleich hoch oder liegt eine höher als die andere? Ist der Unterkiefer gerade oder zur Seite verschoben? Hält es den Kopf gerade oder etwas schräg nach rechts oder links? Sind die Ohren gleich hoch, wenn sie in derselben Position sind?

Ungleich hohe Ohren zeigen Spannungen im Genick und Unterkiefer.

Oben: Otto steht vorn bodenweit und hinten bodeneng, was in Beziehung steht zu Verspannungen in der Lendengegend und in der Hinterhand.

Rechts: Wenn ein Pferd immer auf demselben Hinterfuß ruht, deutet dies auf mangelnde Verbindung über Rücken und Hinterhand hin und steht in manchen Fällen in Beziehung zur diagonalen Schulter.

An der Vorhand: Wölbt sich der Hals auf einer Seite mehr nach außen als auf der anderen? Ist eine Schulter flacher bzw. mehr entwickelt? Wird ein Vorderfuß nach außen gestellt oder ein Bein mehr belastet als das andere? Sind die Vorderbeine gerade?

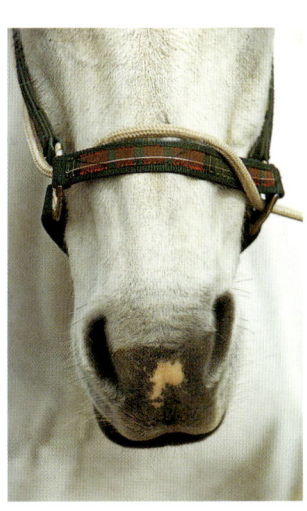

Rechts: Hier sind die Nüstern ungleich hoch, die Nase ist leicht nach links geneigt.

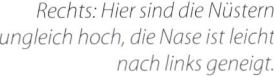

Hier sind die Nüstern ungleich hoch, die Jochbeinleisten stehen vor, und auch die Ohren sind ungleich hoch.

Unten: Bei Fleur sind die Vorderbeine verdreht. Sie stellt im Stand gern das linke Vorderbein nach außen. Entsprechend hat sie Schwierigkeiten, die Hufe für den Schmied nach vorn zu bringen.

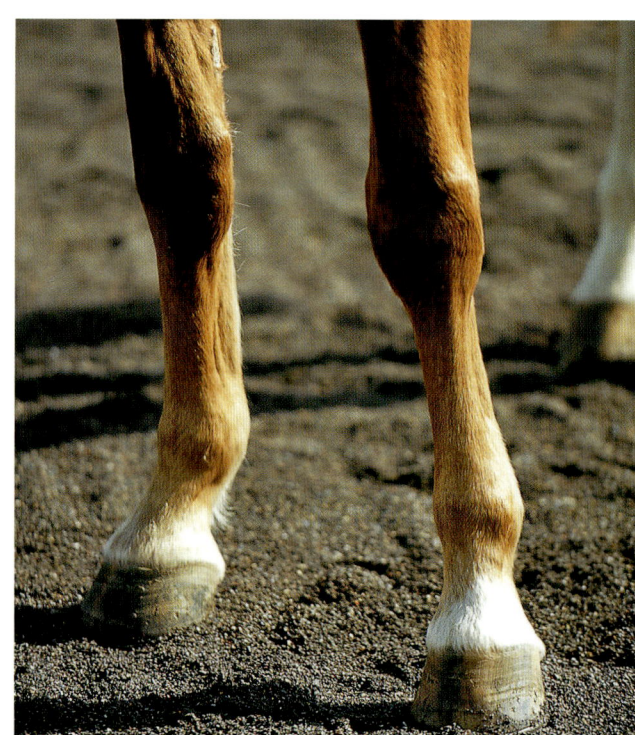

Die Stute belastet das rechte Vorderbein weit mehr als das linke.

Steht es zehenweit oder zeheneng? Wird das Vorderbein mittig belastet oder mehr innen oder außen? Um die Gewichtsverteilung zu überprüfen, stellen Sie sich vor das Pferd und ziehen eine imaginäre Linie vom Schultergelenk das Vorderbein hinunter. Sie sollte in der Mitte des Unterarms verlaufen, mitten durchs Karpalgelenk und das Röhrbein hinunter und den Huf in zwei gleiche Teile teilen. Ist das Bein nicht gerade oder der Huf uneben, verläuft die Linie nicht genau in der Mitte, was bedeutet, dass eine Seite mehr Gewicht trägt als die andere. Ziehen Sie eine weitere imaginäre Linie von einem Punkt auf dem Kronenrand zum anderen – sie sollte parallel zum Boden verlaufen. Liegt ein Punkt höher oder tiefer als der andere, ist der Huf ungleich.

Sehen Sie sich die Vorderhufe an. Sind sie eben und gleich geformt oder ist einer steiler? Sind Verformungen zu sehen? Sind die Ringe in der Hufwand gleichmäßig und parallel oder steigen sie nach hinten an bzw. fallen ab?

Heben Sie einen Huf an und achten Sie darauf, ob die Hufwand rundherum eben ist oder auf einer Seite ansteigt oder abfällt. Sehen Sie sich die Trachten an. Sind sie

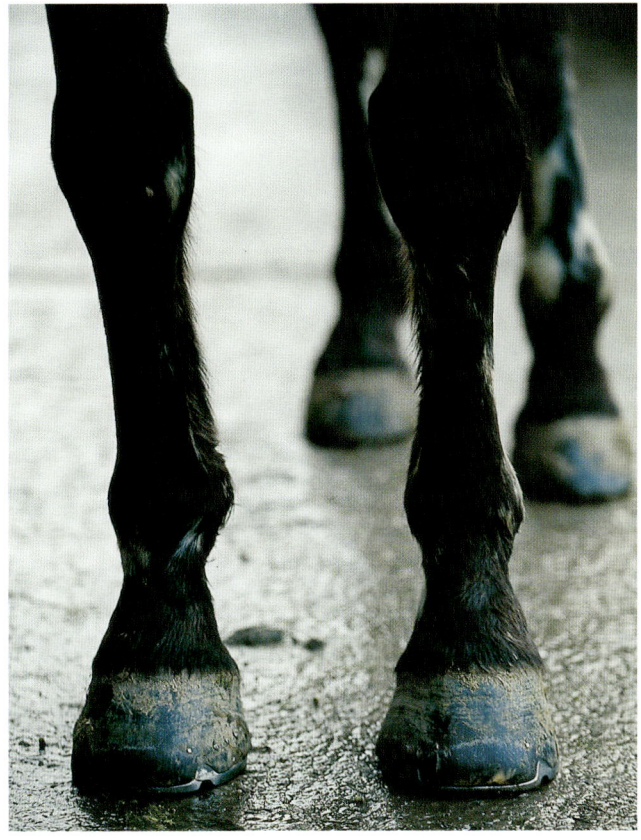

Vorderbeine verdreht.

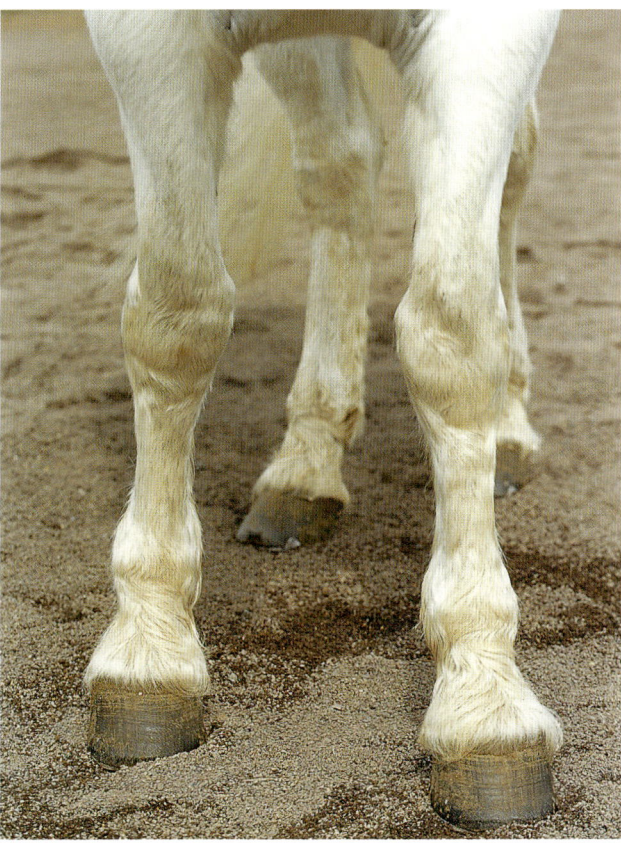

Bei diesem Pferd ist das Gewicht auf den Vorderbeinen ungleich verteilt – das rechte Bein wird mehr belastet. Ein Lot vom Schultergelenk aus würde deutlich mehr auf die Innenseite des Beins fallen.

gerade oder gebogen? Ist der Strahl symmetrisch? Ein unsymmetrischer oder fehlgestalteter Strahl kann auf einen unebenen Huf hinweisen.

Sehen Sie die Hinterhufe auf die gleiche Weise an.

Diese Hufe haben sich infolge mangelhafter Pflege verformt, sodass die Fesseln ungleichmäßig belastet werden und ihre Stoßdämpferfunktion nicht mehr erfüllen können.

Achten Sie darauf, ob Huf und Strahl gut ausbalanciert sind.

Wellington, Teil 1

Wellington, ein Vollblüter, ist 1990 geboren und sollte ursprünglich Dressurpferd werden. Mit 14 Jahren kaufte ihn sein jetziger Besitzer für wenig Geld, da er sich inzwischen einen Ruf als Beißer und Schläger erworben hatte, „nichts für schwach Besaitete". Putzen und satteln ließ er sich zum Beispiel nur, wenn er zweiseitig angebunden war. Der Verkäufer hatte klugerweise die Angebote zweier unerfahrener Kaufwilliger abgelehnt, weil es so Vieles gab, was Wellington nicht ausstehen konnte. Er konnte sogar richtig gefährlich werden.

Wellington kam im Juli 2004 auf die Tilly Farm. Sein Ruf kam nicht von ungefähr. Er war aggressiv beim Füttern, konnte nicht still stehen, hielt nicht an der Hand oder unter dem Reiter, konnte nicht geradeaus gehen, biss, quietsch-te und schlug nach hinten und vorn aus. Er war sehr territorial und ließ niemanden in die Box, auch nicht zum Ausmisten. Beim Fressen schnappte er sich einen Bissen, hielt dann inne und sabberte. Er war überempfindlich gegen Gerüche, und etwaige Futterzusätze wurden misstrauisch beäugt.

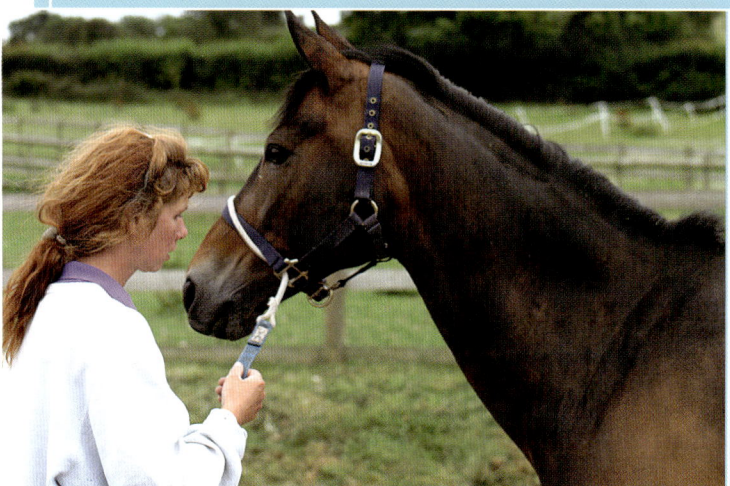

Wellington war so falsch bemuskelt, dass es ihm unmöglich war, den Hals zu senken.

So, wie er sich hielt, gab es keinen Körperteil, der im Gleichgewicht gewesen wäre. Der Hals war schief, und die Hufe waren absolut uneben. Er belastete hauptsächlich den linken Vorder-fuß und hielt den Kopf immer hoch und leicht schräg. Der Bauch wölbte sich deutlich nach rechts, das Kreuz-/Darmbeingelenk war sichtbar und schief. Das rechte Sprunggelenk war wenig beweglich. Die Augen waren mandelförmig mit einem mürrischen Ausdruck, und am Genick duldete er nicht die leiseste Berührung. Verkrampfte Halsmuskeln kön-nen bei Injektionen sehr problematisch werden, und Wellington explodierte geradezu, schrie, schlug und versuchte unseren Tierarzt platt zu drücken, als dieser ihn für eine gründliche Zahnuntersuchung sedieren wollte. Zum Glück waren wir vorbereitet und hatten außerdem den besten und schnellsten Tierarzt im ganzen Westen, obwohl ich sagen muss, dass ich noch niemanden so schnell erblassen sah.

Unter dem Reiter konnte Wellington nur mit hoch erhobenem Kopf gehen, und bei jedem Übergang riss er ihn noch ein wenig höher. Seine Muskulatur war so falsch entwickelt, dass es niemanden wunderte, wie unglücklich das Pferd war. Trotz allem schien ihm erstaunlicherweise die Arbeit Spaß zu machen, und so begann denn der lange Weg zur Wiederherstellung (Schluss siehe Seite 102).

Von der Seite

Sehen Sie sich das Pferd von beiden Seiten an und behalten Sie das Bild der einen Seite im Gedächtnis, wenn Sie auf die andere Seite gehen. Hält es den Kopf eher hoch oder tief? Fällt die Mähne ungleichmäßig oder glatt auf eine Seite? Ist der Rücken hohl oder gerade und gut bemuskelt? Sind die Rückenwirbel sichtbar? Ist die Rückenlinie gerade, ist das Pferd überbaut oder vorn höher als hinten? Ist die Kruppe gut gerundet oder knochig? Ist die Muskulatur auf beiden Seiten gleich entwickelt? Dehnen sich Brustkorb und Rücken beim Einatmen leicht aus, oder ist die Bewegung auf den Bauch beschränkt?

Bei Bailey ist der Rücken schwach bemuskelt, Widerrist und Kruppe stehen vor.

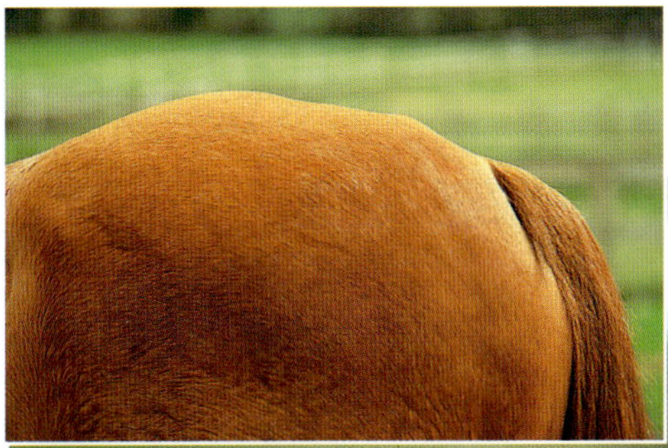

Fish hatte sich als Fohlen das Becken gebrochen. Der Knochenauswuchs über dem Schweifansatz (kleines Bild links) zeugt noch von der Verletzung.

Fish ist zwar alt und ein Halbblüter, aber die Einbuchtungen vor und hinter dem Widerrist gehen eher auf lang andauernde Fehlhaltung als auf Alter oder Rassetyp zurück.

Pferdebeurteilung

Steht das Pferd gleichmäßig auf allen vier Beinen oder wird die Vor- oder Hinterhand zu weit nach vorn oder hinten heraus gestellt? Vergleichen Sie, ob die Trachten den gleichen Winkel aufweisen wie die Zehen oder ob sie untergeschoben bzw. zu gerade sind. Achten Sie auch darauf, dass Fesseln und vordere Hufwand auf einer Linie liegen.

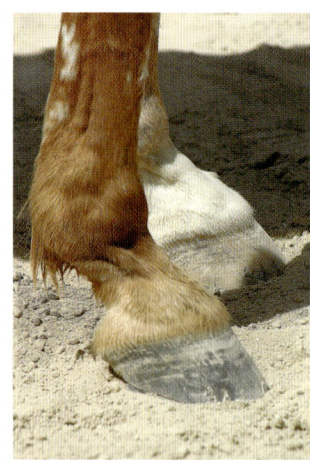 

Diese Hufe sind nicht im Gleichgewicht – Fesseln und vordere Hufwand sind nicht in einer Linie, was eine Belastung von Fesseln und Fesselgelenken bedeutet.

Pferde, die hinten verdreht stehen oder die Hinterbeine nach außen stellen, sind oft fest oder haben kein Körperbewusstsein in der Nierenpartie.

Oben: Bertie klemmt den Schweif ein, was in Beziehung steht zur überbemuskelten Schulterpartie. Er stellt im Stand auch gewohnheitsmäßig das rechte Hinterbein vor und das rechte Vorderbein zurück.

Unten: Bei dieser Stute ist die Vorhand überentwickelt, und die Hinterhand ist nach hinten herausgestellt, typisch für ein Pferd, das gewöhnlich auf der Vorhand geht und dem es schwer fällt unterzutreten.

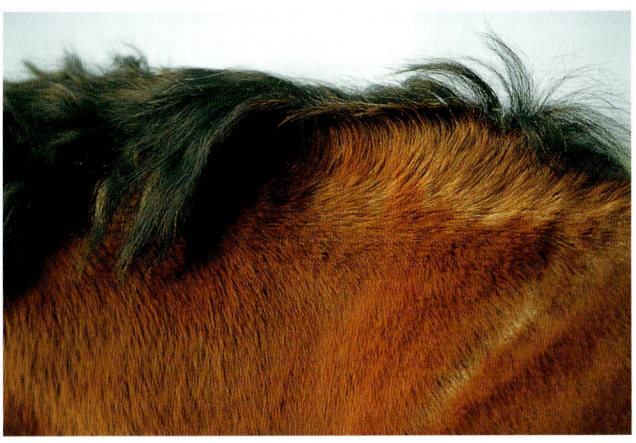

Die Mähne fällt um, wo ein Wirbel ist oder Spannung auftritt. Am Widerrist fällt sie gewöhnlich zur Seite der niedrigeren Schulter.

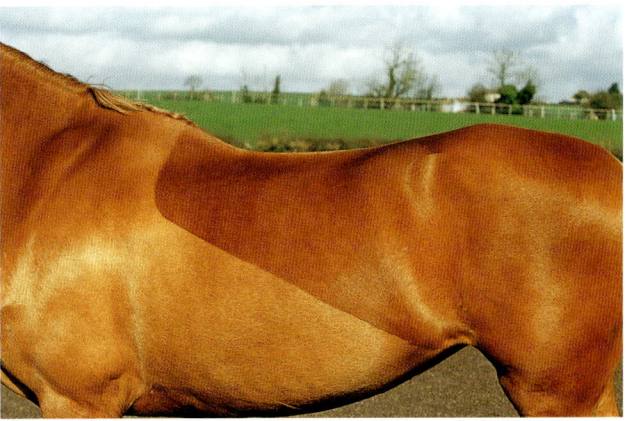

Achten Sie auf die leicht umfallende Mähne vor dem Widerrist, entsprechend der überentwickelten Muskulatur vor der Schulter. Die Rückenlinie fängt gerade an, sich zu füllen, aber noch sind die Schultern stärker entwickelt als die Hinterhand.

Otto – Teil 1

Otto ist 1991 geboren, ein Warmblut von Jolie Coeur. Ich kaufte ihn als Absetzer, aber leider hatte er als junges Pferd einen Sturz und brach sich das Hüftgelenk. Er verbrachte drei Monate in der Box und wurde von meinem Tierarzt und einem Physiotherapeuten behandelt. Von da an schienen wir immer zwei Schritte vor und einen zurück zu machen. Manchmal ging es ihm gut und manchmal fragte ich mich, ob es richtig war, ihn am Laufen zu halten. Mit dieser Art Verletzung war ständige Arbeit wichtig, damit der Muskeltonus um den verletzlichen Hüftbereich erhalten blieb, aber es war sehr schwierig, die richtige Mischung von Bodenarbeit und Reiten zu finden. Der Schaden war nicht zu beheben und wirkte sich auf den ganzen Körper aus: Spannungen im Hals, in der linken Schulter, im Rücken und in der Lendenpartie waren die unvermeidlichen Folgen des Hüftschadens.

Unerwünschtes Verhalten hat immer einen Grund, und Otto war das perfekte Beispiel dafür. Wenn er Schmerzen hatte, tanzte er herum, schnappte und rempelte einen an, und bei einem Stockmaß von fast 1,78 m konnte der Umgang mit ihm recht problematisch sein. Unter dem Reiter war er verständlicherweise unbeständig: Einmal ging er traumhaft, dann wieder scheute er und warf neue Reiter ab. (Schluss siehe Seite 83).

Von hinten

Betrachten Sie von hinten den Pferdeschweif. Ist er hoch oder tief angesetzt? Gerade oder schief, entweder vom Ansatz her oder weiter unten? Ist er eingeklemmt oder hängt er entspannt herunter? Kann das Pferd gerade stehen bleiben oder hält es den Hals ständig nach einer Seite? Steht es bodeneng (die Hufe dicht nebeneinander) oder bodenweit? Liegen die Hüfthöcker auf einer Linie oder sind sie ungleich hoch? Sind die Hinterbeine gerade oder kuhhessig? Wenn es dem Pferd nichts ausmacht, stellen Sie sich auf eine Kiste und betrachten Sie von oben, wie es am Hals, am Rücken und an der Hinterhand bemuskelt ist.

Eine kuhhessige oder verdrehte Stellung der Hinterbeine kann von Spannungen im Hüft- und Lendenbereich herrühren und muss nicht unbedingt ein reiner Gebäudefehler sein.

Achten Sie auf den Winkel der Hinterbeine und die Höhe der Hüfthöcker – hier ist die linke Hüfte deutlich höher als die rechte.

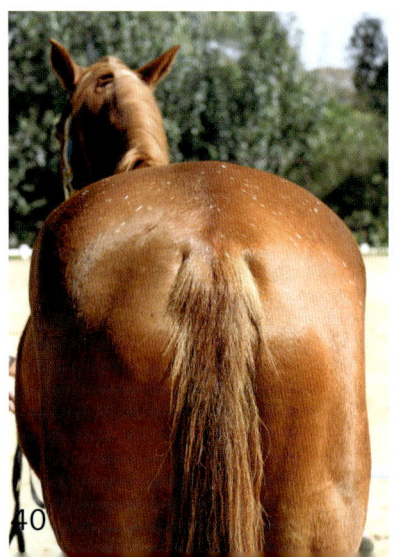

Bei dieser Stute ist das Becken links höher und die Hinterhand hat sich ungleichmäßig entwickelt. Selbst der Schweif entspricht dem Muster – der Ansatz scheint links höher zu liegen als rechts.

Stellen Sie sich, sofern dies gefahrlos möglich ist, auf eine Kiste und schauen Sie den Rücken entlang. So haben Sie die Möglichkeiten zu weiteren Beobachtungen, besonders bezüglich der Schultern. Nokias rechte Schulter ist zum Beispiel tiefer und flacher als die linke.

In der Bewegung

Lassen Sie das Pferd von sich weg und auf sich zu führen und dann auf beiden Seiten an sich vorbei.

Achten Sie auf die Spur. Hält das Pferd den Kopf mehr zu einer Seite, wenn es direkt auf Sie zu geht? Ist auf einer Seite mehr Bauch zu sehen oder ist er gleichmäßig? Bei manchen Pferden ist der Rumpf selbst im Stand deutlich ungleich, weil der Bauch auf einer Seite mehr hervorsteht, als auf der anderen. Ist die Kruppe symmetrisch oder sinkt eine Hüfte tiefer ab, als die andere, wenn es von Ihnen weggeführt wird?

Lassen Sie das Pferd von sich weg …

… und auf sich zu führen.

Achten Sie auf gleichmäßige Bewegung der Gliedmaßen. Biegen sich die Fesseln gleichmäßig oder wird eine Fessel mehr bzw. weniger durchgetreten? Sind beide Sprunggelenke gleich biegsam oder wirkt eines steifer oder gerader als das andere? Werden die Hufe eben aufgesetzt, oder trifft eine Seite früher auf? Ist ein Bein verdreht? Bewegt sich das Pferd mühelos aus der Schulter heraus, oder erfolgt der Vortritt aus dem Karpalgelenk? Treten die Vor- und die Hinterbeine im Schritt jeweils gleich weit vor? Wird jeder Huf gleich weit nach oben gezogen?

Tritt das Pferd aus dem Halten immer mit demselben Bein an? Sieht es aus, als ob es sich im Genick, Hals oder Rücken oder in der Hinterhand festhält? Tritt es mit einem Hinterfuß in Richtung Mittellinie?

Beobachten will geübt sein

Sie werden mit Ihren Beobachtungen kein Ende finden, und es braucht Erfahrung, um die kleineren, subtileren Spannungsmuster zu entdecken. Um Ihre bewusste Wahrnehmung zu verbessern, können Sie mit einem Pferd üben, das Sie weniger gut kennen als Ihr eigenes. Es fällt vielleicht anfangs nicht leicht, das eigene Pferd objektiv zu betrachten. Manche Verhaltensmerkmale fallen mehr auf, wenn man sie vorurteilslos, ohne bestimmte Erwartungen, betrachtet. Je länger Sie hinsehen, desto mehr lernen Sie und desto leichter fällt es Ihnen, Besonderheiten zu erkennen: eine Tendenz, sich immer auf einer Seite zu wälzen oder zu ruhen, oder eine gewisse Unruhe, wenn sich ein Mensch oder ein anderes Pferd aus einer bestimmten Richtung nähert.

Beobachten Sie die Qualität des Schritts. Easta ist in der Schulter etwas fest, was ihr das Untertreten erschwert.

Unten: Bei Baron ist der ganze Körper blockiert, außerdem fehlt es ihm an Schwung. Selbst der Schritt scheint ihm schon schwer zu fallen.

Umgang und tägliche Pflege

Achten Sie auf die Reaktionen Ihres Pferdes, wenn es auf die Koppel geführt oder wieder eingefangen wird, wenn es angebunden oder geführt wird, still stehen soll, gesattelt und aufgetrenst, geputzt, eingedeckt oder abgewaschen wird, wenn es die Füße hochheben oder sich beschlagen lassen soll. Ist es beim Fressen „giftig" und legt die Ohren an? Kaut es einseitig, lässt Futter aus dem Maul fallen oder nimmt ein paar Bissen und sabbert? Frisst es ruhig oder zögerlich? Schlingt es das Futter hinunter?

Weitere Informationen über ungleiche Spannung liefern ungleich oder übermäßig abgenutzte Hufe oder Eisen, Decken, die immer auf dieselbe Seite rutschen, oder kahle

Stellen von der Trense (oder den Zügeln), vom Sattel oder von der Decke. Wenn Sie absatteln oder die Decke wechseln, sehen Sie sich die Decken von unten an. Wo der Druck größer ist, sammelt sich auch mehr Pferdehaar an. Viele körperliche Probleme sind auf unpassendes Sattel- und Zaumzeug zurückzuführen (s. S. 20-26). Ist die Satteldecke in der Mitte wesentlich sauberer als vorn und hinten, kann dies bedeuten, dass der Sattel hier nicht voll aufliegt.

Untersuchen Sie Satteldecken, Sattelkissen und Stalldecken auf Haare und Fettspuren, die auf vermehrten Druck an diesen Stellen hinweisen. Die Decke im Bild zeigt, dass der Reiter auf dem Hinterzwiesel sitzt und der Sattel in der Mitte nicht aufliegt. Das kann zu Problemen beim Satteln, zu Muskelschwund, Schwungverlust und sogar zu Buckeln und Stürmen führen.

Oben: Harley ließ sich nicht gern die Füße waschen. Er mochte es auch nicht, am Unterschenkel angefasst zu werden und regte sich beim Beschlagen sehr auf. Wir machten T Touches an seinen Beinen (s. S. 79) und konnten ihm damit über seine Ängste hinweghelfen. Innerhalb einer Woche ließ er sich anstandslos überall an den Beinen anfassen.

Decken rutschen gewöhnlich zur tiefer liegenden Seite des Pferdes.

Sehen Sie sich Mist- oder Schmutzflecken auf Decke oder Fell an. Sind sie immer nur auf einer Seite zu finden, kann dies heißen, dass das Pferd immer auf derselben Seite liegt oder sich wälzt. Schmutz und Fett an den Boxenwänden kann darauf hindeuten, dass das Pferd sich mit der Kruppe anlehnt, um sich von Verkrampfungen in der Lendengegend zu befreien. Und wenn das wunderbare, tiefe Strohbett, das Sie ihm in stundenlanger Mühe bereitet haben, am nächsten Morgen aussieht wie ein Schlachtfeld, ist daraus vielleicht zu entnehmen, dass das Pferd keine Ruhe findet und sich nicht entspannen kann.

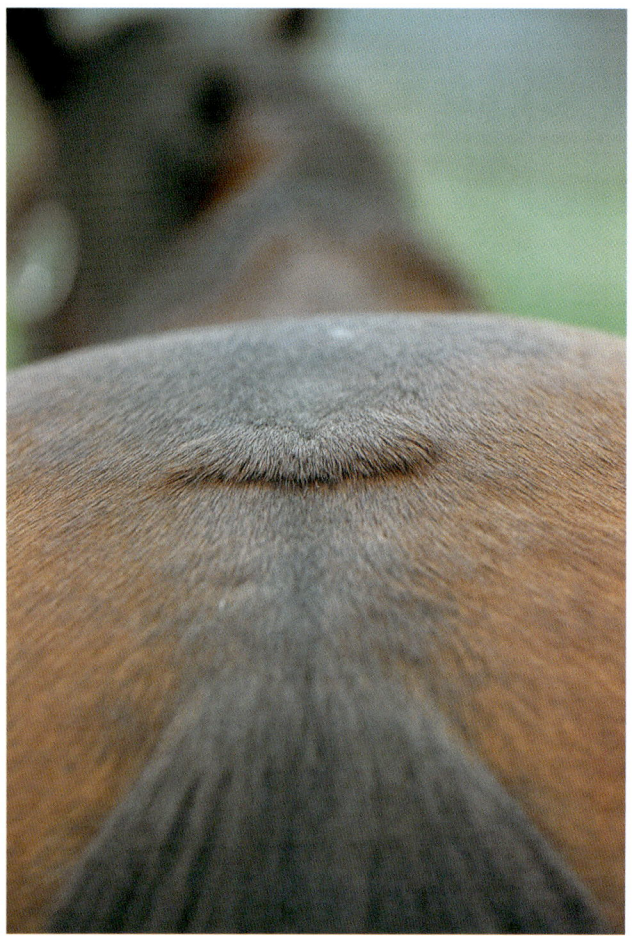

Aufgestellte Haare deuten darauf hin, dass etwas reibt.

Wenn Ihr Pferd beim Wälzen eine Lieblingsseite hat …

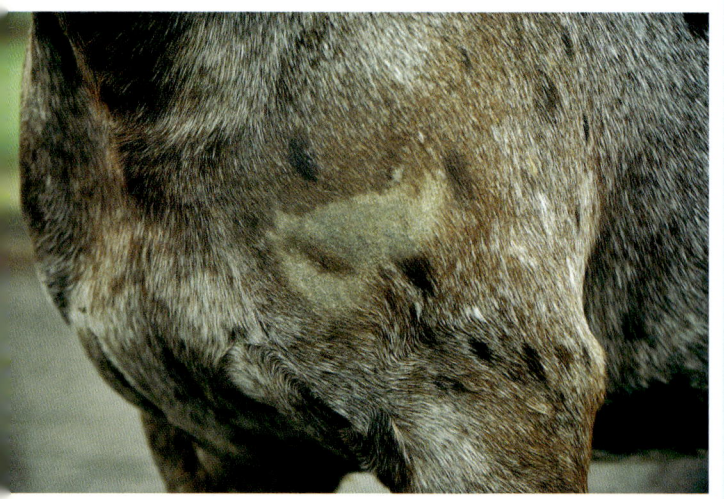

Wenn die Decke nach hinten rutscht, reibt sie an der Schulter, was zu Verspannungen an der Brust, am Widerrist und an der Schulter führen kann.

… kann dies bedeuten, dass es sich nicht komplett herumrollen kann, ein Zeichen für einen verkrampften Rücken oder eine einseitige Steifheit.

Gesundheitszustand

Haut und Fell sagen sehr viel aus über die Gesundheit des Pferdes. Ein zufriedenes Pferd in gutem Zustand, voller Energie, hat ein glattes, glänzendes Fell. Trockenes, störrisches Fell ist im Allgemeinen ein Zeichen dafür, dass ihm wichtige Nährstoffe fehlen oder dass es krank ist und vom Tierarzt untersucht werden sollte. Schuppen, Schorf, aufgestellte Haare, raue Stellen und bestimmte Hauterscheinungen können mit angespannten Bereichen zusammenhängen oder nicht ins Körperbewusstsein integriert sein.. Auch die Temperatur ist bedeutsam: Heiße Stellen weisen gewöhnlich auf ein akutes Problem, kalte auf ein chronisches Problem hin. Wechsel in der Fellrichtung können ein Hinweis auf Verspannung in Haut und Muskeln sein.

Achten Sie darauf, wo das Pferd schwitzt und wie es nach dem Schwitzen abtrocknet. Alte Verletzungen am Hals oder Widerrist können sich in Schweißflecken am Hals oder an einer Schulter äußern, und weiße Stellen im Fell oder in der Mähne weisen natürlich auf alte Druckstellen von Decken oder Sätteln hin. Wo das Fell am wärmsten ist, trocknet es auch am schnellsten, und dort, wo es weniger durchblutet ist, bleibt es länger nass. Allerdings sind dabei die natürlichen Schweißmuster zu berücksichtigen. Achten Sie im Fellwechsel auf Bereiche, wo das Fell langsamer gewechselt wird. Auch wenn es irgendwo ständig juckt, kann dies ein Zeichen für blockierte Wahrnehmung sein.

Ein wichtiger Hinweis ist auch, wo sich Fliegen bevorzugt niederlassen. Normal ist, dass sie um das Auge herum sitzen und dort Flüssigkeit aufnehmen, aber andere sehr spezifische Bereiche, wo Fliegen sich sammeln, beispielsweise an der Bauchnaht, über den Nieren oder selbst an einem Bein, können auf einen Gefäßstau hindeuten.

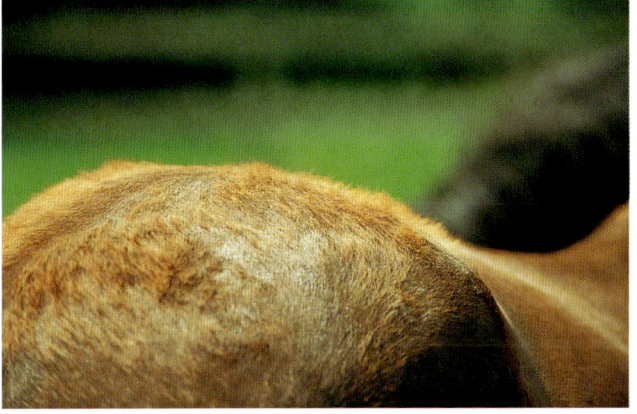

Starres, trockenes Haar kann einen Nährstoffmangel anzeigen, kann aber auch von angespannter Haut und Schmerzen herrühren.

Ständiges Kratzen kann ein Zeichen für eine Blockade der Wahrnehmung oder für Spannung sein.

Otto ist infolge eines Unfalls als Fohlen auf der rechten Lendenseite immer fester. Sein Winterfell ist an dieser Stelle deutlich gröber als sonst.

Weiße Stellen in Mähne oder Fell können Schäden durch nicht passendes Sattelzeug bedeuten.

Hören

Wenn Sie Ihrem Pferd zuhören, merken Sie schneller, wie es sich fühlt, besonders wenn sich plötzlich etwas verändert. Deutliche Atemprobleme wie etwa Kehlkopfpfeifen müssen natürlich mit dem Tierarzt geklärt werden, aber auch Pferde mit engen Ganaschen, die ständig hinter der Senkrechten gehen, machen ein Geräusch, das anzeigt, dass sie zu kämpfen haben. Grunzen beim Kotabsetzen oder beim Aufstehen, häufiges flaches Seufzen oder Zähneknirschen können ebenfalls ein Hinweis darauf sein, dass das Pferd sich unwohl fühlt oder Angst hat. Hören Sie auf die Fußfolge des Pferdes an der Hand oder unter dem Sattel. Ist sie gleichmäßig oder wird ein Huf hörbarer aufgesetzt als die anderen? Zieht es die Hinterhufe nach oder schiebt es mit den Vorderhufen den Boden vor sich her?

Wenn eine Zehe nachschleift oder beim Aufsetzen den Boden vor sich herschiebt, ist dies ein Zeichen, dass das Pferd in diesem Bein nicht genügend Schwung entwickelt.

Fühlen

Zusätzlich zu Ihrer Beobachtungsgabe sollten Sie das Pferd mit der flachen Hand abtasten, zur Bestätigung Ihrer Beobachtungen und um Verspannungen besser feststellen zu können. Beginnen Sie im Genick und streichen Sie mit der Handfläche den Hals und die Schulter hinunter, den Rumpf entlang, über die Flanken, über den Bauch, den Rücken und die Hinterhand und alle vier Beine hinunter. Tasten Sie jeden Körperteil von beiden Seiten ab. Achten Sie dabei auf kitzlige, heiße oder kalte Stellen, auf Muskelflattern, raues Fell, über- oder unterentwickelte Muskeln oder eine allzu straff gespannte Haut. Fallen Ihnen keine Veränderungen auf, versuchen Sie es mit dem Handrücken noch einmal.

Oben: Streichen Sie mit der flachen Hand über den Pferdekörper und achten Sie auf Veränderungen der Temperatur, im Fell und in der Muskulatur.

Rechts: Ertasten Sie kitzlige Stellen oder solche, an denen sich das Pferd nicht gern berühren lässt – bleiben Sie dabei ruhig und strafen Sie es nicht, wenn es sich wehrt oder ängstlich reagiert.

Harley – Teil 1

Harley ist ein fünfjähriger Appaloosa-Wallach und wurde auf einem Pferdemarkt zum Weiterverkauf erstanden. Wie sich herausstellte, war er in bestimmten Situationen schwierig im Umgang. Er wurde von Cat Wilton, einer unserer Praktikantinnen, als Fallstudie untersucht.

Harley war extrem kopfscheu und deshalb nur schwer aufzutrensen. Sein ganzer Körper war verspannt, und er hatte heiße Stellen im Genick und kühlere über den Lenden, an der Hinterhand und den Hufen. Er war schreckhaft und ließ sich nicht gern anfassen, schon gar nicht an den Beinen, was natürlich zu Problemen beim Beschlagen führte, weil er mit den Vorderhufen ausschlug. An der Longe rutschten ihm die Hinterbeine nach außen weg. Zum Aufsteigen musste man ihn in eine Ecke stellen, damit er sich nicht wegbewegen konnte, und wenn jemand seine Box betrat, kehrte er ihm das Hinterteil zu. Als seine Besitzerin sich am Rücken verletzte, kam Harley für zwei Wochen auf die Tilley Farm (Schluss siehe Seite 124).

Fahren Sie mit der Hand – am besten mit dem Handrücken, er wirkt weniger aggressiv - leicht über Gesicht, Kinnbacken und Ohren. Lässt das Pferd sich nicht gern am Kopf anfassen, stellen Sie sich seitlich auf, sonst vor das Pferd. Halten Sie den Nasenriemen des Halfters mit einer Hand etwas fest und streichen Sie mit der anderen Hand über die Stirn hinauf und dann das Nasenbein hinunter.

nicht, dass dies einfach seine Art ist. Höchstwahrscheinlich war ihm die Berührung dort noch nie geheuer. Schmerz, Angst und Angst vor Schmerz lösen gewöhnlich die gleiche Reaktion aus.

Toleriert das Pferd Berührungen am Schweif und an der Hinterhand, untersuchen Sie die Schweifrübe auf Spannungen. Lässt sie sich zwischen den Hinterbeinen her-

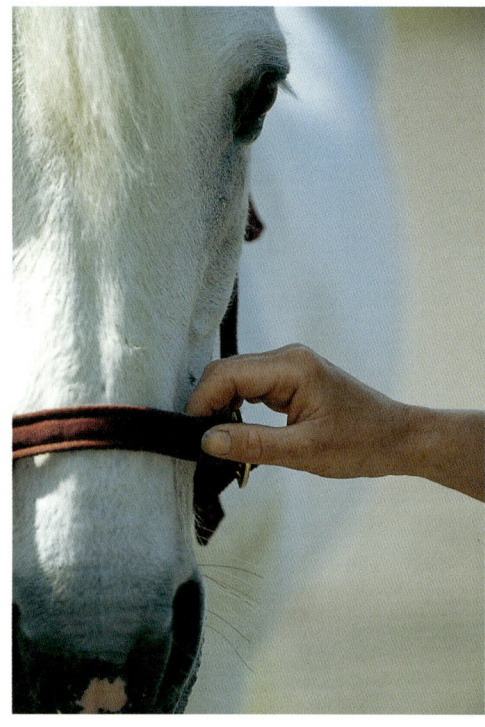

Halten Sie den Nasenriemen des Halfters leicht mit den Fingern …

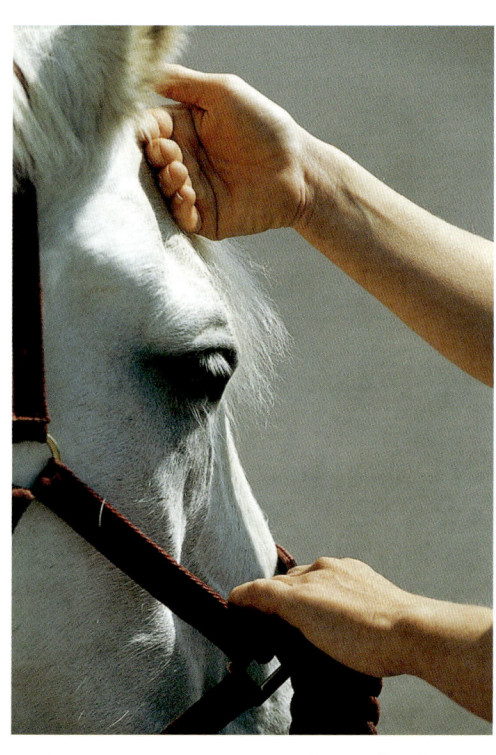

… und streichen Sie mit dem Handrücken über Kopf und Gesicht.

Ist die Muskulatur an der Stirn glatt, tritt sie hervor oder ist sie auf einer Seite stärker entwickelt? Fahren Sie mit den Fingerspitzen sanft am Kiefer entlang und achten Sie auf Reaktionen, die auf Zahnprobleme hinweisen könnten.

Nehmen Sie die Reaktionen des Pferdes ehrlich zur Kenntnis. Verzieht es die Nüstern, wenn Sie einen bestimmten Bereich berühren? Legt es die Ohren an, schaut böse oder hält die Luft an (siehe S. 16–19)? Es kann ausweichen, ein Bein heben, herumtanzen, den Kopf schütteln oder schnappen, um sein Unbehagen auszudrücken. Auch wenn es beispielsweise auf Berührungen im Gurtbereich schon immer empfindlich reagiert hat, heißt das

ausheben? Zittert sie dabei oder ist sie in ganzer Länge steif? Hängt sie eher schlaff herunter? Ist irgendwo ein Knick zu sehen? Ist das Ende der Schweifrübe aufgewölbt oder zu einer Seite verdreht?

Schaukeln Sie das Pferd mit einer Hand am Widerrist sachte von sich weg und wieder zu sich her. Gelingt dies leicht oder hat das Pferd mit dem Gleichgewicht zu kämpfen, wenn es sich nach rechts und links bewegen soll?

Als Letztes heben Sie ein Bein nach dem anderen hoch. Fahren Sie mit der Hand an der Hinterseite des gewünschten Beins hinunter und zwicken Sie als Signal zum Hochheben einmal kurz in die Sehne. Achten Sie darauf, ob das

Pferd das Bein ruckartig hochreißt oder es ruhig und willig anhebt. Stützt es sich auf Sie, wenn Sie den Fuß hoch halten? Ist ein Bein schwerer als das andere? Wie lange braucht es, um sich körperlich darauf einzustellen, ein

Heben Sie die Schweifrübe aus den Hinterbacken. Bei Harley ist sie verspannt und zu zwei Dritteln steif, was mit der Spannung im Schulter- und Rückenbereich in Beziehung steht.

Auch bei diesem Pferd ist die Schweifrübe steif, wird aber stangengerade weggestreckt.

Bein hochzuheben? Manche Pferde können ein Vorderbein erst dann anheben, wenn sie das diagonale Hinterbein auf den Boden gesetzt haben. Andere müssen sich dazu mit gespreizten Beinen hinstellen. Kann das Pferd sich auf drei Beinen gut ausbalancieren oder hüpft es herum bzw. versucht, Ihnen das Bein wieder aus der Hand zu reißen? Zittert das hochgehaltene Hinterbein? Wird es mit einem Ruck abgesetzt oder kann das Pferd es langsam und gleichmäßig absenken, bis der Huf wieder auf dem Boden steht?

Schaukeln Sie das Pferd am Widerrist und sehen Sie, ob das Pferd sein Gewicht mühelos über die Schultern und Vordergliedmaßen verlagert.

Bei einem Pferd, das im Becken steif ist, zittert das Hinterbein und wird mehr als normal hochgezogen. Machen Sie die Bewegung mit und senken Sie das Bein langsam wieder ab.

Unter dem Reiter

Im Allgemeinen verhält sich ein Pferd an der Hand ebenso wie unter dem Reiter. Ein Pferd, das mit hoch erhobenem Kopf im Kreis um seine Führperson herumrennt, wird Ihnen höchstwahrscheinlich auch einen sehr lebhaften, wenn nicht sogar gefährlichen Ritt bescheren. Pferde, die sich von rechts nicht gern führen oder anfassen lassen, haben oft Schwierigkeiten bei der Arbeit auf der rechten Hand.

Im Schritt sollten Sie beide, Pferd und Reiter, das Gefühl haben, sich frei zu bewegen. Am besten können Sie dies spüren, wenn Sie das Pferd von jemandem führen lassen und die Augen schließen. Wirft es Sie nach vorn oder auf eine Seite oder ist die Bewegung gleichmäßig? Fühlt sich ein Steigbügel länger an als der andere, obwohl beide gleich lang sind? Sitzen Sie gerade oder haben Sie das Gefühl, nach einer Seite zu hängen oder sich im Sattel zu verdrehen? Sind Sie vor oder hinter der Bewegung? Liegen beide Schenkel gleich oder scheint einer nach vorn oder hinten zu rutschen?

Achten Sie beim Ausreiten oder im Unterricht auf Überempfindlichkeit oder Widerstand gegen Schenkelhilfen, Schwierigkeiten beim Angaloppieren auf einer Hand, einen weggedrückten Rücken, Eilen, Klemmen, Kleben oder mangelhafte Biegung auf einer Hand. Legt es sich auf den Zügel oder schlägt mit dem Kopf?

Schauen Sie beim Geradeausreiten auf die Schultern hinunter: Bewegen sich beide gleichmäßig vor und zurück oder erscheint eine Schulter eingeschränkt in der Bewegung? Zackeln, Steigen, überhöhtes Tempo beim Springen ebenso wie Trägheit, Stolpern, Scheuen, Buckeln, den Rücken wegdrücken oder Unruhe beim Aufsteigen können alles Anzeichen für ungleichmäßige Spannungen sein.

Wie sich das Pferd an der Hand hinstellt, so steht es auch unter dem Reiter, und …

… Pferde mit hoher Kopfhaltung neigen eher zum Scheuen und Weglaufen.

Wie bewegt sich das Pferd unter dem Sattel? Rücken wegdrücken und … *auf den Zügel legen sind Zeichen für Spannungen.*

Achten Sie darauf, ob Ihnen nach dem Reiten etwas weh tut. Haben Sie während des Reitens oder danach zum Beispiel Schmerzen in der Lendenwirbelsäule, leidet sehr wahrscheinlich auch das Pferd unter Verspannungen in der Lendengegend.

Spüren Sie auch beim einfachen Spazierenreiten etwaigen Spannungen im eigenen Körper nach und versuchen Sie, sich loszulassen und den Bewegungen des Pferdes anzupassen.

Fish – Teil 1

Fish, ein Angloaraber-Fuchs, ist im März 1982 geboren und wurde mit sechs Monaten an Mags Denness, seine jetzige Besitzerin, verkauft. Mit drei Jahren gab sie ihn zum Anreiten in einen Ausbildungsstall, wo er mit dem Ausbilder stieg, umfiel und sich einen Dauerschaden am Kreuzbein und an der Schweifwurzel zuzog. Nichtsdestotrotz nahm er später erfolgreich an Hausturnieren und Geländeritten teil und kam sogar durch eine Geländeprüfung der Kl. M, bevor Mags ihr Studium antrat. Von da an wurde er nur noch als Freizeit- und Jagdpferd eingesetzt.

Fish war immer mit hohem Kopf und steifem Hals gegangen; er war schreckhaft, empfindlich und übersensibel, was Veränderungen in seinen Gewohnheiten anbetraf.

Auf die Tilley Farm kam Fish 2002, mit 19 Jahren. Hauptsächlich infolge eines schlecht passenden Sattels litt er unter Muskelschwund, und so etwas wie eine Oberlinie war praktisch überhaupt nicht mehr erkennbar. Sein Alter und die früheren Verletzungen standen auf der Negativseite, aber es sollte doch noch einige Möglichkeiten geben, die Lebensqualität dieses intelligenten, willigen und sehr gutmütigen Pferdes zu verbessern (Schluss siehe S. 120).

Erkenntnisse deuten

Pferde, die schwierig im Umgang sind und ihre Box und/oder ihren Paddock verteidigen, halten sich oft im ganzen Körper fest. Bei anderen wieder sind nur bestimmte Bereiche verspannt. Wenn Sie mit den allgemeinen Beobachtungen fertig sind, sehen Sie sich die einzelnen Körperteile genauer an, damit Sie Spannungen oder Schwachstellen besser erkennen können.

ten, sobald es gelingt, Spannungen im Maul abzubauen. Durch das Massieren des inneren und äußeren Maulbereichs werden die Speicheldrüsen aktiviert. Außerdem wird das entspannungsfördernde parasympathische Nervensystem angesprochen (siehe S. 13), was zur Beruhigung des sympathischen Nervensystems führt, das für die Reaktionen von Kampf, Flucht oder Erstarren verantwortlich ist (S. 18–19).

Empfindliche Pferde, die sich nicht gern anfassen lassen, sind oft am ganzen Körper verspannt.

Mit der Maularbeit lassen sich Fokus und Verhalten verbessern.

Nase, Maul und Kinn

Das Maul bzw. der Mund ist mit dem Lernen verbunden. Wenn Menschen sich konzentrieren, kauen sie auf dem Bleistift oder den Fingern, lecken sich die Lippen oder beißen auf der Unterlippe herum. Menschenbabys nehmen oft Dinge in den Mund, und laut einer Studie im britischen Manchester über das Lernverhalten von Kindern behalten Kinder Informationen besser, wenn sie während des Lernens Kaugummi kauen.

Der Mund steht auch in Verbindung zum limbischen System, dem Gehirnbereich, den man das Kontrollzentrum für Gefühle und das Tor zum Lernen nennt (ausführlich beschrieben in Daniel Golemans Buch *Emotional Intelligence*). Diese emotionale Verbindung entspricht den Beobachtungen von Linda Tellington Jones (siehe S. 5), dass bei vielen Pferden Verbesserungen im Verhalten und ihrer Fähigkeit, ruhig und konzentriert mitzuarbeiten, eintre-

Ein verspanntes Maul kann auf ein besonders sensibles Pferd hindeuten.

Verspannungen um das Maul deuten generell auf ein überemotionales und -sensibles Pferd hin. Sie beeinträchtigen die Atmung, die flach und leicht sein kann, und stehen in Beziehung zu einem hohen Spannungszustand im ganzen Körper. Ist das Maul wirklich fest angespannt, lehnt das Pferd vielleicht sogar Leckerbissen ab.

Pferde mit **sehr kurzer Maulspalte** brauchen manchmal lange, um sowohl mental wie emotional zu reifen. Oft können sie sich nur kurze Zeit konzentrieren, brauchen aber viel Zeit, um Informationen zu verarbeiten. Sowohl an der Hand wie unter dem Reiter muss jede Lektion endlos wiederholt werden.

Das Training lässt sich aber so gestalten, dass auch bei diesen Pferden Interesse und Denkvermögen angeregt werden, ohne sie mental und emotional zu überfordern. In solchen Fällen sind mehrere kurze Trainingseinheiten, über den Tag verteilt, für Pferd und Reiter/Besitzer besser als eine lange. Das Maul innen und außen zu massieren kann dazu beitragen, das Spannungsmuster in diesem Bereich zu verändern, sodass das Pferd sich länger konzentrieren und die Informationen besser behalten kann.

Billy hat eine kurze Maulspalte und dazu passend eine kurze Konzentrationsspanne. Er macht kleine, eilige Maulbewegungen, ...

... und Kinn und Oberlippe sind angespannt.

Jack – Teil 1

Jack ist ein kleines braunes Ex-Rennpferd und trägt wie so viele Pferde auf Zypern die Narben schlechter Behandlung auf dem Körper. Mit seiner Pflegerin Michelle kam er zu meinem ersten TTEAM-Workshop auf der Insel.

Am auffälligsten an Jack war seine Zunge, die er fast immer seitlich heraushängen ließ. Seine Augen waren trübe, und oben im Genick und auf der Halsunterseite, etwa auf der Höhe des Kehlriemens, wies das Fell weiße Stellen auf. Sie stammten offensichtlich von Verletzungen, die beim Verladen in einen Hänger entstanden waren, bevor Jack vom Saddle Club übernommen wurde. Man hatte ihm eine Kette um den Kopf geschlungen und ihn per Traktor buchstäblich auf den Hänger gezogen. Möglicherweise war dabei auch das Zungenbein beschädigt worden, was die heraushängende Zunge erklären würde, und wahrscheinlich stand diese Prozedur in Beziehung zu dem bizarren Verhalten, das er im Pferch an den Tag legte. Er hatte die Gewohnheit, den Kopf über den Zaun zu werfen, die obere Kehlpartie gegen das Holz zu pressen und mit gewölbtem Hals Luft zu koppen. Das machte er wieder und wieder, wie ein Automat, wenn er nicht gerade mit Fressen beschäftigt war, und wenn er mit Fressen fertig war, nahm er die Kopperei sofort wieder auf. Außerdem war er unglaublich unsicher und regte sich furchtbar auf, wenn keine anderen Pferde in der Nähe waren. Man konnte ihn nicht im Hof aufsatteln und auch nicht allein angebunden stehen lassen.

Obwohl man Jack unnötigerweise misshandelt hatte, war er ein liebes Pferd. Man kann nicht immer wissen, wann oder warum sich für ein Pferd etwas verändert hat. Vor lauter Mitleid kann man manchmal nicht mehr an ein positives Endergebnis glauben; deshalb sollte man sich besser nicht zu sehr auf die früheren Erfahrungen eines Pferdes konzentrieren. Sie müssen das Pferd da abholen, wo es sich gegenwärtig befindet, Ihre Arbeit entsprechend einrichten und Ihr Bestes geben. Michelle wollte vor allem, dass Jack sich wohl fühlte und so entspannt wie möglich war. Er sollte die Körperarbeit genießen. Alles, was sich aus der Arbeit sonst noch ergab, war ein zusätzlicher Bonus (Schluss siehe S. 140).

Eine **ständig herabhängende Unterlippe** bedeutet nicht, dass das Pferd entspannt ist. Sie kann ein Hinweis auf Unbehagen oder Spannung im Genickbereich sein oder die Folge eines länger vorhandenen Zahnproblems. Solche Pferde neigen oft zu plötzlichen Explosionen.

Eine weiche Unterlippe kann ein Zeichen der Entspannung sein, …

… aber wenn sie ständig herabhängt, kann sie auf Spannungen im Genick hindeuten.

Löst man die Spannung im Genick und bringt Bewusstheit in die Unterlippe, lassen sich diese überraschenden Ausbrüche reduzieren oder manchmal ganz zum Verschwinden bringen.

Eine angespannte Maulpartie ist oft mit **verkniffenen Nüstern und einem harten Blick** verbunden. Zugekniffene Nüstern stehen oft im Zusammenhang mit mangelnder Toleranz und distanziertem und desinteressiertem Verhalten.

Auch **Zunge und Speichel** können ein Anzeichen für Stress sein. Dicker, klebriger, weißer Speichel kann mit schlechter Darmfunktion in Verbindung stehen und von einem Zuviel an Kohlehydraten verursacht werden, während ein trockenes Maul auf ein nervöses Pferd hinweisen kann. Ein Pferd, das ständig an etwas herumnagt, an seiner Zunge saugt oder kaut oder sie heraushängen lässt, drückt damit sein Unwohlsein aus. Lassen Sie es sorgfältig auf körperliche Ursachen untersuchen. Auch hormonelles Ungleichgewicht kann sich im Maulbereich äußern.

Zeichen für Verspannungen im Maul

Pferde mit Verspannungen im Maul- und Nüsternbereich können außerdem

- schwer zu entwurmen sein
- Schwierigkeiten beim Zahnarzt machen
- schwierig einzufangen und aufzutrensen sein
- sich aufs Gebiss legen oder gegen den Zügel gehen
- sich leicht ablenken lassen
- kopfscheu sein
- gern beißen, schnappen oder knabbern
- sich ständig aufregen
- im Umgang und beim Reiten heftig sein
- mäklige Fresser sein
- aggressiv ihr Futter verteidigen
- unter dem Reiter über oder hinter dem Zügel gehen
- an anderen Pferden kleben

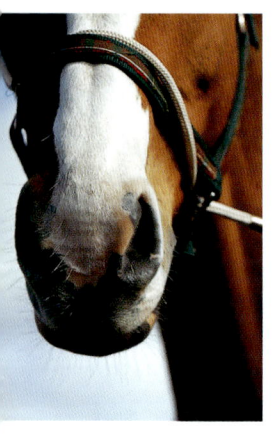
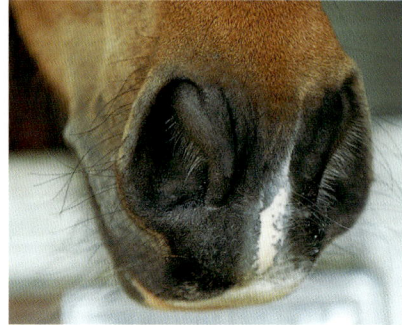

Links und oben: Größe und Form der Nüstern sind unterschiedlich und sagen etwas aus über das Toleranzniveau des Pferdes.

Gesicht, Stirn und Kiefergelenk

Gesicht, Kopf und Maul gehören zu den vernachlässigten Teilen des Pferdes, obwohl man ihnen so viele Informationen über Wohlbefinden und Charakter entnehmen kann. Kopf und Kiefergelenk haben Einfluss auf Zunge, Genick, Hals, Schultern, Brust, Rücken und Hinterhand.

Pferde, die wenig Vertrauen haben, lassen sich generell auch **ungern am Kopf und im Gesicht anfassen** und scheuen oft vor Dingen, die sich auf sie zu bewegen. Manchmal sind über dem Nasenbein kalte Stellen zu fühlen, und ihr Atem fühlt sich auf der Hand kühl an. Besonders häufig tritt dies bei schreckhaften Pferden auf, gelegentlich aber auch bei ruhigeren Typen. Zu den Begleiterscheinungen gehören Verspannung oder Hohlwerden im Widerristbereich.

Beulen oder Kanten am Unterkiefer oder am Nasenbein entlang können auf Zahnprobleme wie etwa nicht gewechselte Milchzähne hinweisen. Bei jungen Pferden ist das Auftreten von Beulen oder eine Empfindlichkeit gegen das Halfter gelegentlich mit plötzlicher Erschöpfung beim Galoppieren verbunden. Können die oberen Zähne nicht durchbrechen, weil die Milchzähne nicht gewechselt wurden, kann sich die Luftzufuhr durch die Nüstern um bis zu 60 % vermindern. Ein empfindliches

Maul kann ebenso mit einer schlecht oder ungleich entwickelten Muskulatur um Maul, Kehle, Gesicht und Stirn zusammenhängen.

Gewisse **Kopfformen** sind mit bestimmten Eigenschaften verbunden. So sind Pferde mit konkaver Nasenform (Hechtkopf) oft sensibler und sprunghafter als solche mit einem breiteren, flacheren Gesicht. Ein knöcherner Wulst zwischen den Augen oder unterhalb von ihnen kann ein Zeichen dafür sein, dass das Pferd langsam lernt, keinen Druck verträgt oder sehr launisch ist. (Ausführlicher behandelt wird das Thema in Linda Tellington Jones' Buch *Die Persönlichkeit Ihres Pferdes*.)

Pferde mit konkavem Profil („Hechtkopf") sind oft sensibler als solche mit geradem Nasenrücken – je tiefer der „Knick", desto sensibler das Pferd.

Beulen am Unterkiefer oder auf dem Nasenrücken können die Folge von Zahnproblemen sein.

Ungleich hervor-
tretende Jochbein-
leisten können
angeboren oder die
Folge eines Unfalls
sein.

Ein knöcherner Wulst zwischen den Augen oder unterhalb kann ein Zeichen dafür sein, dass das Pferd nur langsam lernt oder keinen Druck verträgt.

Verspannungen am Kopf treten häufig bei Pferden auf, die ängstlich sind und sich über die kleinsten Veränderungen ihres Alltags aufregen oder ständig auf der Hut sind. Bei Pferden, die unter Stress standen, kann der **Bereich über dem Auge** eingefallen wirken. Diese so genannten Stresshöhlen haben wenig oder gar nichts mit dem Alter zu tun und können schon bei ganz jungen Pferden auftreten. Ungleiche Entwicklung der Stirnmuskeln und alte Verletzungen von Kopf, Kiefer oder Gesicht können zu Problemen beim Auftrensen führen oder dazu, dass das Pferd auf einer Seite den Zügel nicht annimmt. Anzeichen für einen Unfall sind deutliche Veränderungen

im Kiefergelenk, ungleich hervortretende Jochbeine, ein verdickter Kehlgang, Zahnlücken oder Brüche im Kiefer oder Schädel.

Ein **verspanntes Kiefergelenk** kann mit Zahnproblemen zusammenhängen. Auch längere Arbeit mit hoher Kopfhaltung kann zu Schmerzen in diesem Gelenk führen, weil in dieser Haltung die Bewegung des Unterkiefers eingeschränkt ist.

Bei Pferden, die auf einer Seite den Zügel nicht annehmen wollen, ist häufig eine Veränderung im Kiefergelenk derselben Seite spürbar, was oft auch zu Problemen mit der entgegengesetzten Hüfte führt.

Verletzungen an Hüfte oder Becken können wiederum ein ständiges Kieferproblem zur Folge haben. Hier sind regelmäßige Zahnkontrollen unabdingbar, weil die Zähne dazu neigen, sich ungleich abzunutzen.

Verspannungen im Genick und im Kiefergelenk können auch dazu führen, dass das Pferd unter dem Sattel nicht mehr frei und in schöner, runder Haltung vorwärts geht.

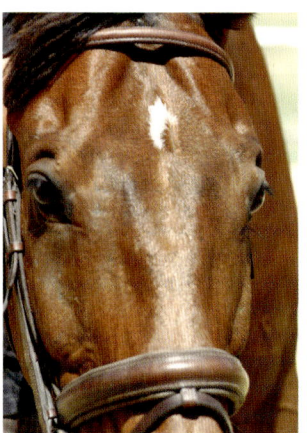

Überentwickelte Stirnmuskeln können auf einen ängstlichen Charakter hinweisen.

Es kann an Verspannungen im Kiefergelenk und im Genick liegen, wenn ein Pferd nicht frei und in korrekter Haltung vorwärts geht.

Augen

Informationen über seine Umgebung werden dem Pferd über die Augen und die anderen Sinne vermittelt. Da wir Menschen visuell viel weniger wahrnehmen als Tiere, kommen uns Pferde manchmal dumm oder stur vor, wenn sie erstarren, scheuen oder durchgehen, nur weil sich in ihrer Umgebung etwas verändert hat oder fremd erscheint.

Struktur und Position des Auges können entscheidend dafür sein, wie gut ein Pferd visuelle Informationen verarbeiten kann. Bei manchen Pferden sind sie zum Beispiel vom Lid halb verdeckt, manche haben einen knöchernen Wulst zwischen den Augen. Auch **extrem seitlich liegende Augen, noch dazu unter schweren Lidern,** erlauben dem Pferd keine gute Sicht und machen es ihm schwer, gelöst vorwärts zu gehen. Von vorne gesehen sind bei einem solchen Pferd die Augen kaum zu erkennen. Um nach vorn sehen zu können, muss es die Muskeln im Oberlid und an der Stirn anspannen und außerdem den Kopf heben, was zu Spannungen im oberen Halsbereich führt. Dieser Augentyp kann der Grund für launisches und schreckhaftes Verhalten sein. Ein Pferd kann womöglich drei Mal ganz gelassen an etwas vorbei- und beim vierten Mal in Panik durchgehen.

Kleine Augen können auf ein Pferd hinweisen, das Bewegungen von hinten oder um sich herum schlecht verkraftet. Wie bei den halb verdeckten Augen können auch kleine Augen dazu führen, dass das Pferd aufgrund der Platzierung der Augen und ihrer Struktur visuelle Informationen nur begrenzt aufnehmen und verarbeiten kann. Es geht sowohl an der Hand wie unter dem Reiter oft nur ungern vorwärts und bleibt beim geringsten Anlass stehen oder weicht nach hinten aus.

Pferde mit kleinen Augen mögen oft keine Bewegung um sich herum …

Struktur und Platzierung des Auges haben Einfluss auf das Verhalten. Von den Augen dieses Pferdes ist von vorn sehr wenig zu sehen.

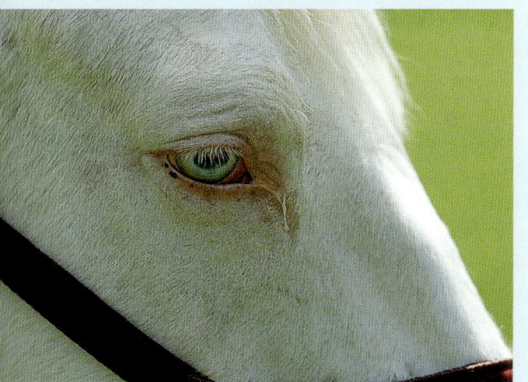

Wenn es nach vorn sehen will, muss das Pferd die Muskeln um das Auge herum anspannen.

… und neigen zu Scheuen oder Rückwärtskriechen.

Pferdebeurteilung

Für diese Pferdetypen und für Pferde, die **halbseitig blind** sind, ist gutes Körperbewusstsein von äußerster Wichtigkeit. Selbstvertrauen sowie Vertrauen zum Reiter und Pfleger tragen sehr viel dazu bei, ihnen Beständigkeit im Alltag wie im Sport zu ermöglichen.

Für ein halbblindes Pferd ist ein gutes Körperbewusstsein lebenswichtig.

Am Auge ist gut zu erkennen, wie sich das Pferd fühlt. Sie können daraus viel über seine Persönlichkeit erfahren. Ein großes, sanftes Auge, das von vorn gut zu sehen ist, weist gewöhnlich auf ein großzügiges, unkompliziertes Pferd hin, obwohl auch andere Gesichtszüge nicht außer Acht gelassen werden sollten.

Bei einem angeblich „saueren" Pferd sind die Augen oft **hart und mandelförmig**, wobei das „sauere" Pferd sehr wahrscheinlich einfach nur Schmerzen hat. Wenn sich die Spannung im Körper löst, wird der Blick sanfter und das Auge runder.

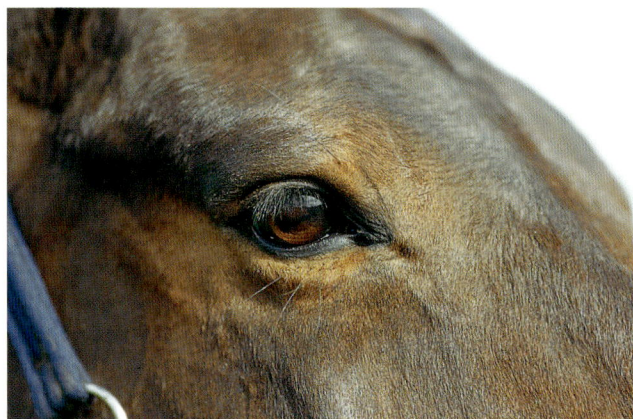

Ein mandelförmiges Auge kann auf Unbehagen hindeuten.

Die Lider können uns Hinweise darauf geben, wie das Pferd sich fühlt. Falten im Lid können ein Zeichen für Besorgnis sein und von Stresshöhlen und einer angespannten oder ungleich entwickelten Stirnmuskulatur begleitet werden. Gedunsene Lider können auf Verdauungsprobleme hinweisen.

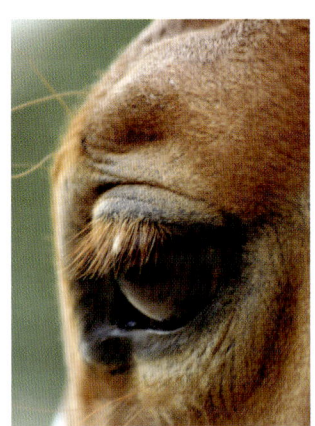

Links: Aufgedunsene Lider können ein Hinweis auf Verdauungsprobleme sein.

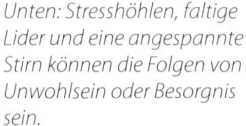

Unten: Stresshöhlen, faltige Lider und eine angespannte Stirn können die Folgen von Unwohlsein oder Besorgnis sein.

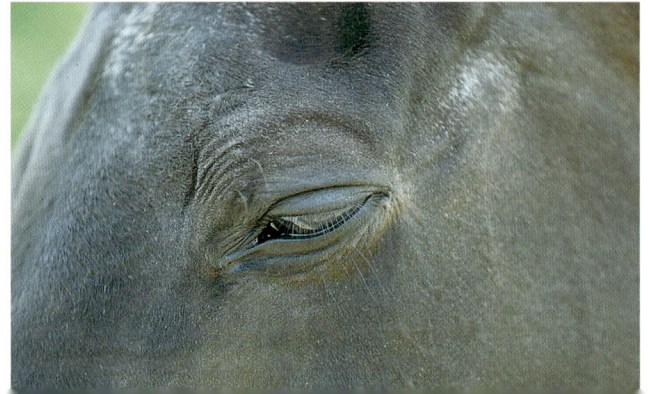

Ein großes, sanftes Auge ist im Allgemeinen ein Zeichen für einen großzügigen und gelassenen Charakter.

Ohren und Genick

Das Genick ist ein wichtiger Teil der Anatomie und eine Quelle der Information, was Leistung und Verhalten des Pferdes anbetrifft. Zwischen Genick, Zungenbein, Kiefergelenk, Kopf und Hals bestehen sehr enge Beziehungen (siehe S. 22).

Kopfscheue Pferde sind im Genick und oberen Halsbereich oft extrem verspannt und lassen manchmal auch die Unterlippe hängen (S. 54). Pferde mit Verspannungen im Genick neigen zu plötzlichen Reaktionen wie zum Beispiel Steigen. Sie erschrecken auch leichter und schlagen dann mit dem Kopf. Geschieht dies unter einem niedrigen Dach oder unter dem Stalleingang, verschärft der Anprall den Schmerz und damit das Problem noch weiter.

Auch Stolpern kann eine Folge von Verspannungen im Genick sein: Die Beweglichkeit der beiden ersten Halswirbel, C1 und C2 oder Atlas und Axis (S. 61), ist eingeschränkt, was sich auf die Bewegung der Vordergliedmaßen auswirkt.

Im Genick feste Pferde sind oft kopfscheu.

Bei Verspannungen in diesen Bereichen können die Ohren ungleich aussehen: Ein Ohr scheint **tiefer angesetzt zu sein oder mehr nach vorn** zu zeigen als das andere. Sobald die Spannung sich löst, sehen auch die Ohren meist symmetrischer aus.

Die Stute ist verspannt im Genick und im Kiefergelenk. Die Halsoberlinie ist gerade, und um das Genick herum ist die Muskulatur überentwickelt, …

… daher ihre Probleme, den Hals fallen zu lassen und den Rücken herzugeben. Weitere Folgen sind unerwünschtes Verhalten wie Eilen und Kleben.

Verspannungen im Genick wirken sich auf die Ohrenstellung aus.

Angespannte Ohren sind oft verbunden mit Verspannungen an der Stirn, im Kiefergelenk, im Genick und im oberen Halsbereich. Sie sind häufig schlecht durchblutet, die Spitzen fühlen sich kalt an. Das hängt nicht unbedingt mit der allgemeinen Körpertemperatur des Pferdes zusammen. Ist das Ohr im Ansatz verspannt, kann das ganze Ohr angespannt und relativ unbeweglich wirken. Pferde mit diesem Spannungsmuster haben eine Tendenz, die Ohren anzulegen, und wirken allgemein intolerant. Oft sind die Augen mandelförmig und die Nüstern schmal verkniffen; Berührungen weichen sie eher aus. Kann man die Spannungen im Gesicht, an den Ohren und am Hals lösen und die Ursachen, die der Angst oder dem Unbehagen zugrunde liegen, beseitigen, verändern sich die Pferde oft geradezu dramatisch.

Akupressur und die Ohren

Am Ohr liegen viele Akupressurpunkte, die mit der Gesundheit des Pferdes insgesamt in Beziehung stehen. An der Ohrspitze befindet sich ein Schockpunkt, der sich bei Pferden, die ein Trauma erlitten haben, stets kalt anfühlen kann.

Man kann einem Pferd, das große Schmerzen hat oder sich in einer Notsituation befindet, buchstäblich das Leben retten, wenn man diesen Punkt bearbeitet, weil man dadurch einen Schock verhindern oder das Pferd aus dem Schock zurückholen kann.

An der Ohrspitze befindet sich ein Schockpunkt.

Da die Ohren zur vestibulären Balance in Beziehung stehen (S. 15), können Pferde mit Verspannungen um die Ohren sich mit der Selbsthaltung schwer tun. Sie halten sich oft im oberen Halsbereich fest. Im Stall stehen sie gern mit hoch erhobenem Kopf, und wenn sie an der Hand oder unter dem Reiter den Hals fallen lassen sollen, gehen sie lieber vorwärts.

Verspannungen im Genick machen es dem Pferd schwer, in Selbsthaltung zu gehen, und führen in manchen Situationen dazu, dass es durchgeht.

ANZEICHEN FÜR VERSPANNUNGEN UM OHREN UND GENICK

Pferde mit Verspannungen um Ohren und Genick zeigen oft folgende Begleiterscheinungen:

- Sie lassen sich nicht gern am Schopf anfassen.
- Sie fürchten sich vor Bewegungen über ihrem Kopf.
- Sie gehen ungern unter etwas durch oder durch niedrige Türen.
- Sie hängen sich gern ins Halfter, wenn sie angebunden stehen bleiben sollen.
- Sie schießen los, sobald man ihnen das Halfter abnimmt.
- Sie sind schwierig aufzuhalftern und aufzutrensen.
- Sie sind geräuschempfindlich.
- Sie lassen sich nicht gern einfangen.
- Sie mögen keine Berührungen an den unteren Gliedmaßen.

Hals

Sieben Halswirbel bilden den Hals. Wie der Rücken hat er Einfluss auf alle übrigen Körperteile und wird wiederum von ihnen beeinflusst. Die ersten beiden Halswirbel, C1 und C2 oder Atlas und Axis, sind für die Nick- und Drehbewegungen des Kopfes zuständig. Die übrigen Halswirbel (C3-7) erlauben die Halswölbung und -biegung.

Verspannungen im Hals beeinträchtigen Gleichgewicht und Körperwahrnehmung. Sie können auch der Gesundheit des Pferdes schaden, da sich auf dem Hals wichtige Akupressurpunkte befinden, die in Beziehung zu Verdauung und Gesundheit stehen. Magen-, Dünndarm-, Dickdarm- und Lungenmeridian sind vier der Meridiane, die am Hals verlaufen. Der chinesischen Medizin zufolge können Hautprobleme die Folge von Problemen mit dem Magen-, Lungen- oder Lebermeridian sein, und tatsächlich finden sich bei Pferden mit Hautallergien oft Verspannungen im Hals. Viele Heilverfahren einschließlich Osteopathie, Physiotherapie, Chiropraktik und craniosacrale Osteopathie legen, was die korrekte Funktion der Organe betrifft, großen Wert auf die Gesundheit und Beweglichkeit der Wirbelsäule, und Probleme mit dem Hals wie mit dem Rücken

Alternative Heilmethoden für Halsprobleme

Halsprobleme lassen sich zum großen Teil vom Boden aus lösen (siehe „Machen Sie Ihr Pferd locker", S. 76-146), manchmal jedoch können auch andere Methoden hilfreich sein. Ein Akupunkturpunkt auf dem Dünndarmmeridian, etwa eine Hand breit hinter den Ganaschen auf beiden Halsseiten, dient dazu, harte Muskulatur elastisch zu machen und die Drüsen ins Gleichgewicht zu bringen. Störungen im Hormonhaushalt können zu Überempfindlichkeit und Verspannung in diesem Bereich führen. Selbst Wallache können dann, wenn man sie im Genick oder an den Ganaschen berührt, wie Stuten quietschen und nach vorn ausschlagen.

Osteopathie, Physiotherapie und geeignete sanfte Chiropraktik tragen dazu bei, die Wirbel frei zu machen. Wenn das Pferd anfängt, sich im oberen Halsbereich zu entspannen, tritt manchmal aus einer Nüster oder beiden Ausfluss aus.

können mit einer Unmenge von Verhaltensauffälligkeiten einhergehen.

Der Hals entscheidet bis zu einem gewissen Grad über die Eignung des Pferdes für eine bestimmte Disziplin. Form und Ansatz mögen vom Rassetyp abhängen, aber ein **verspannter oder in seiner Beweglichkeit eingeschränkter Hals** hat direkten Einfluss auf den Raumgriff, das Körperbewusstsein, den Vorwärtsdrang, die Eigenwahrnehmung und die Versammlungsfähigkeit – und damit auf die Leistungsfähigkeit des Pferdes. Hilfszügel, die den Kopf des Pferdes niederhalten, können die Illusion vermitteln, dass sich das Pferd versammelt und im Gleichgewicht bewegt. Übermäßiger Ge-

Ein Pferd, das sich im Hals fest macht, kann die Hinterhand nicht richtig heranschließen.

brauch solcher Hilfsmittel von früher Jugend an kann für das Pferd im späteren Leben jedoch problematisch werden, weil sie eine natürliche Bewegung des Rückens und der Hinterhand verhindern. Je steifer das Pferd im oberen Halsbereich wird, desto fester wird es im Lenden- und Hüftbereich.

Es wird sehr darauf geachtet, das Pferd von hinten zu arbeiten, um die Hinterhand zu aktivieren, aber damit wird möglicherweise eine Ursache des Problems übersehen: Eine wenig aktive Hinterhand rührt oft von einem **festen, verkrampften und ungleich bemuskelten Hals** her. Manche Muskeln sind vielleicht übermäßig ausgeprägt, andere sind unterentwickelt, oder die Halswirbel treten unnatürlich hervor. Manchmal „springt" die Mähne, wenn das Pferd den Kopf hebt oder senkt – ein weiteres Zeichen für verspannte Muskeln und Bänder. Änderungen im Fall der

Fällt die Mähne an einer Stelle anders, kann dies auf Verspanntheit hinweisen.

Mähne korrespondieren generell mit Verspannungen im Hals, können aber auch mit Fellwirbeln zusammenhängen.

Verspannungen im Hals beeinträchtigen die Lernfähigkeit des Pferdes, verändern sein Raumgefühl und können zu Problemen mit der Wahrnehmung von Raumtiefe und Licht führen. Deshalb haben manche Pferde Schwierigkeiten beim Verladen oder beim Betreten oder Verlassen der Box. Pferde mit Halsverspannungen können insgesamt schreckhaft sein oder vor leuchtenden Gegenständen scheuen. Sie können auf etwas reagieren, an dem sie früher schon problemlos vorbeigegangen sind, denn die Verspannung im oberen Halsbereich kann den Sehnerv beeinträchtigen. Dies ist besonders im Sommer zu beobachten, wenn von glänzenden Oberflächen wie weißen Tafeln, Autos oder Wasser mehr Licht reflektiert wird.

Auch Probleme beim Anbinden können mit Halsverspannungen zusammenhängen. Das Pferd, das schon eine Weile ruhig da gestanden hat, „sieht" plötzlich die Wand und erschrickt. Durch das Rückwärtsziehen wird auf den empfindlichen Bereich noch mehr Druck ausgeübt, der Teufelskreis schließt sich. Auch **Drängeln oder Herumschubsen** beim Führen kann auf Verspannungen im Hals zurückzuführen sein: Das Pferd hat Schwierigkeiten beim Stehen, weil der Hals so wichtig für das Gleichgewicht ist. Es fällt ihm vielleicht auch schwer, den Kopf zu drehen, zu heben oder zu senken oder den Hals zu biegen oder zu wölben. In der Bewegung nickt oder wackelt es vielleicht unwillkürlich von einer Seite zur anderen und geht beim Abwenden „der Nase nach", statt sich im Hals zu biegen.

Hält die Verspannung länger an, kommt es zu **überraschenden Ausbrüchen,** weil das Pferd aufgrund der

Halsverspannungen können sich wie Hormonstörungen äußern.

verminderten Durchblutung des Gehirns buchstäblich „den Kopf verliert". Es kann einen abwesenden Eindruck machen, und oft sind die Augen mandelförmig mit einem harten Blick, der sich völlig verändert, sobald die Ursache des Problems behoben ist. Da sich Verspannungen auch auf die Elastizität der Haut auswirken, haben solche Pferde auch oft eine Abneigung gegen Nadeln und explodieren bei einer Spritze oder einer Blutentnahme. Auch hier verändert sich die Reaktion vollständig, sobald die Verspannungen im Hals gelöst sind.

Kopf und Hals werden von dem starken Nackenband gehalten, das für das Heben und Senken des Kopfes verantwortlich ist. Einem Pferd, das ständig **mit hoher Kopfhaltung** gearbeitet wurde, kann es sogar im Ruhezustand schwer fallen, den Kopf zu senken, weil die Bewegungsfreiheit dieses Bandes gelitten hat. Mit gesenktem Kopf fühlen sich solche Pferde verunsichert, weil sich so das Gleichgewicht dramatisch verändert. Selbst wenn durch

Führen und Bodenarbeit erreicht wird, dass das Pferd den Hals fallen lässt, wird es diese Haltung anfangs nur wenige Augenblicke durchhalten und dann den Kopf wieder hoch nehmen. Übungen zur Entspannung der Halsmuskulatur sind für solche Pferde natürlich eine Wohltat, aber auch Übungen zur Verbesserung des Gleichgewichts, vom Boden und vom Sattel aus, können dem Pferd zu einer effektiveren und entspannteren Haltung verhelfen.

Zu dem verspannten Hals eines Pferdes mit hoher Kopfhaltung gehört ein **weggedrückter oder Senkrücken**. Die Oberlinie weist vor dem Widerrist eine Einkerbung, den Axthieb, auf, während die Muskeln im oberen Halsbereich überentwickelt sind. Der fünfte und der sechste Halswirbel treten hervor; manchmal reibt der Zügel an dieser Stelle. Der Halsansatz ist gewöhnlich fest.

Vor dem Antreten hebt das Pferd den Kopf, oder jeder Übergang wird von Kopfschlagen begleitet. Dies beeinträchtigt den Einsatz der Hinterhand, so dass die Übergänge eckig und unelastisch wirken. Solchen Pferden fällt es oft schwer, geradeaus zu gehen; von der Mittellinie driften sie gern seitlich ab.

Hält ein Pferd mit Halsverspannungen **den Kopf tief**, ist wahrscheinlich die Ganaschenfreiheit eingeschränkt, und es arbeitet ständig über oder hinter der Senkrechten. Es kann entweder triebig oder schwer zu halten sein.

Verspannungen im Hals werden oft begleitet von einer Vertiefung hinter der Schulter und einer Einkerbung vor dem Widerrist, dem Axthieb.

ANZEICHEN FÜR VERSPANNUNGEN IM HALS

Pferde, die fest im Hals sind, können außerdem

- kleben
- den Schenkel nicht annehmen
- sich an der Hand und unter dem Sattel im Kreis drehen
- eilen
- auf der Vorhand gehen
- über oder hinter dem Gebiss gehen, wenn sie sich versammeln sollen
- beißen
- Schwierigkeiten beim Mähneverziehen machen
- sich nur ungern von beiden Seiten putzen oder behandeln lassen

Brust und Schultern

Der Raumgriff hängt von der Anatomie der Schultern ab, wobei der Winkel dem von Huf und Fesseln entsprechen sollte. Sind die Schultern verspannt und in ihrer Bewegung eingeschränkt, sind Gleichgewichtsprobleme die Folge, meist begleitet von Verspannungen im Hals, im Rücken und in der Hinterhand. Auch die Hufbalance sollte überprüft werden.

Feste oder ungleich bemuskelte Schultern begrenzen den Raumgriff …

Eine steife Schulterpartie tritt gewöhnlich zusammen mit Verspannungen im Hals und Rücken auf. Bei dieser Stute ist der Hals steif und gerade, und die Mähne weist die typische Veränderung der Fallrichtung vor der Schulter auf.

Ein Pferd mit **fester Schulterpartie** kann Schwierigkeiten mit dem Gleichgewicht in der Bewegung haben und deshalb versuchen, sich auf der Hand des Reiters abzustützen. Es geht nicht im Takt und kann zu Gurtzwang neigen, da im Gefolge von Verspannungen im Schulterbereich oft auch oft eine Überempfindlichkeit im Gurtbereich auftritt. Bei dieser Art Spannungsmuster kann das Pferd insgesamt steif sein. Es fehlt der Schwung von hinten, weil nur eine freie Schulter gewährleistet, dass die Aktivität der Hinterhand sich nach vorn fortsetzt. Das Pferd kann bodeneng stehen, die Vorderhufe dicht nebeneinander und mit angedrücktem Ellbogen, oder gewohnheitsmäßig mit einem nach vorn oder zur Seite herausgestellten Vorderbein.

… und führen dazu, dass das Pferd sich am Gebiss abzustützen versucht.

Wenn Pferde mit **Verspannungen im Brust- und Schulterbereich** sich verunsichert fühlen, neigen sie dazu, zu scharren oder mit dem Vorderhuf zu schlagen. Als Ursache solcher Verspannungen kommen ein unsymmetrischer Reiter, ein Sturz, ein raues Geplänkel mit einem anderen Pferd, mangelnde Erziehung, ein unpassender Sattel, Gebäudefehler oder ein Geburtstrauma in Frage. Brust und Schultern können sich ungleich entwickeln, oder Vordergliedmaßen und Hufe können verschieden aussehen, z.B. auf einer Seite höher als auf der anderen. Der Reiter wird ständig nach vorn geworfen oder auf eine Seite gesetzt, was das Problem weiter verschärft.

Eine **Vertiefung hinter den Schultern** geht oft mit einer Einkerbung in der Muskulatur vor dem Widerrist (Axthieb) und erhabenen, verhärteten Stellen oben am

Oft wird der verspannte Körperteil vom Pferd dazu eingesetzt, um sich auszudrücken. Bei einer verspannten Schulterpartie etwa scharrt es oder schlägt mit dem Vorderbein.

Zervikothorakal-Syndrom

Rikke Schultz, eine dänische Tierärztin, setzt TTEAM, chiropraktische Arbeit und Akupunktur zur Behandlung von Pferden ein, die unter dem leiden, was sie zervikothorakales (Hals/Brustwirbelsäule) Syndrom nennt. Ihrer Meinung nach kann es die Folge einer Verletzung sein und durch den Schlag eines anderen Pferdes gegen die Brust, den Zusammenstoß mit einem Zaunpfahl oder Überschlagen nach hinten ausgelöst worden sein. Es kommt zu einer Rotation des unteren Halswirbels (C7) und des ersten Brustwirbels (T1) mit Auswirkungen auf den gesamten Körper. Rikke hat viele Pferde, die unter einigen der mit dieser Krankheit verbundenen Symptome litten, erfolgreich behandelt und wünscht sich mehr Forschung auf diesem Gebiet. Ihrer Meinung nach kann das Leiden auch von einem Geburtstrauma herrühren, wobei das Fohlen allmählich einseitig einen Bockhuf entwickelt. Das sollte überdacht werden, da es weitere Möglichkeiten der Diagnose und Therapie bei Pferden mit ansonsten unerklärlichen Lahmheiten der Vordergliedmaßen eröffnet.

Schulterblatt einher. Entgegen der landläufigen Meinung hat dies nichts mit dem Gebäude oder der Rasse zu tun (wie etwa dem Vollblüter), sondern hängt mit falscher Muskelentwicklung infolge von unpassendem Sattelzeug, einer Verletzung, Zahnproblemen oder falschem Training zusammen. Verschwindet die Ursache und sie können sich normal entwickeln, füllen sich diese Bereiche oft sehr schnell auf, und die Oberlinie stimmt wieder.

Die Entwicklung der Brust folgt der Entwicklung des Pferdes hinter der Schulter. Natürlich spielt das Gebäude

Ein unpassender Sattel hat dazu geführt, dass sich über der Schulter hervortretende Partien gebildet haben und das Pferd immer mit hoher Kopfhaltung und auf der Vorhand geht. Auf dem Foto sind die überentwickelten und die muskulär unterentwickelten Bereiche deutlich zu erkennen.

für den Rahmen des Pferdes insgesamt eine Rolle, aber die Brust zeigt deutlich an, wie das Pferd über die Schultern und den vorderen Teil des Rückens arbeitet. **Zu einer schmalen Brust oder ungleich bzw. übermäßig entwickelten Brustmuskeln** gehören oft eine mangelhaft entwickelte Muskulatur hinter der Schulter oder gebundene Bewegungen, die im Halsansatz oder in den Schultern stecken bleiben.

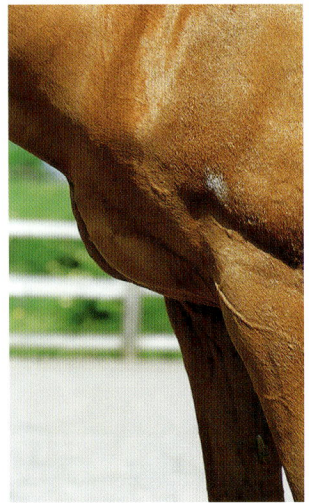

Überentwickelte Brustmuskeln können darauf hinweisen, dass das Pferd auf der Vorhand geht.

Deutlich zu sehen: Die linke Brustseite ist stärker entwickelt als die rechte.

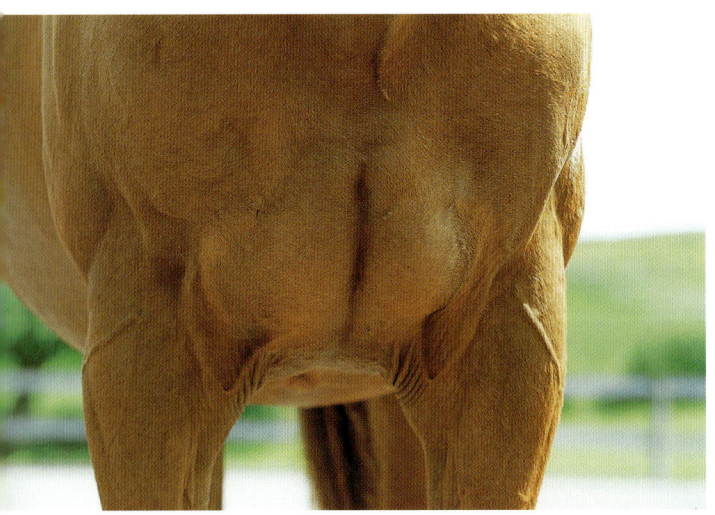

Die Brustmuskeln verraten, ob das Pferd sich gleichmäßig bewegt und wie sich das Gewicht auf Vor- und Hinterhand verteilt. Bei diesem Pferd ist die rechte Seite stärker entwickelt.

Anzeichen für Probleme an Brust und Schultern

Pferde mit einer verspannten oder ungleich entwickelten Brust- und Schulterpartie neigen

▸ zum Stolpern
▸ zu kurzen, stoßenden und/oder ungleichen Gängen
▸ zum Scheuen
▸ dazu, sich auf die Hand zu legen
▸ zu Schwierigkeiten beim Eindecken und/oder Satteln
▸ dazu, in Wendungen und auf dem Zirkel auf die innere Schulter zu fallen
▸ auf einer Hand zu Schwierigkeiten beim Angaloppieren
▸ beim Springen dazu, ein Vorderbein hängen zu lassen
▸ zu Schwierigkeiten beim Verladen oder Transport
▸ zu Schwierigkeiten, das Vorderbein für den Schmied nach vorn zu strecken
▸ zum Kopfschlagen bei Übergängen in eine höhere oder niedere Gangart
▸ zu Schreckreaktionen gegenüber Bewegung
▸ dazu, gegen die Hand zu gehen
▸ zum Kopfnicken
▸ zum Kopfschütteln (Headshaker)

Widerrist, Rücken und Hinterhand

Der Rücken besteht aus 18 Brust- und Lendenwirbeln sowie dem Kreuzbein. Korrekte Muskelentwicklung, ein passender Sattel, ein gut sitzender Reiter und adäquates Training tragen dazu bei, die Gefahr einer Verletzung zu minimieren und dem Pferd das Leben als Reitpferd angenehm zu machen. Weitere Bereiche, die überprüft werden sollten, sind Zähne, Kiefer, Hals, Schultern, Rippen, Gliedmaßen und Bauch.

Pferde mit **festem Rücken** finden es meist angenehmer, sich auf die eine oder andere Art extrem zu verhalten – sie rennen entweder und gehen gern durch oder sie sind träge und unaufmerksam. Sie können unter dem Reiter faul und triebig wirken, aber auch auf den Schenkel überreagieren. Oft fällt es ihnen schwer, sich wirklich zu entspannen. Manche sind an Rippen und Bauch empfindlich und lassen sich nicht gern putzen. Abwehrreaktionen beim Satteln oder Eindecken, wenn das Pferd z. B. ausweicht, schlägt, erstarrt, mit den Zähnen knirscht, die Ohren anlegt oder sich aufbläst, deuten allgemein auf Unbehagen oder Spannungen im Rücken hin. Pferde mit Rückenproblemen können außerdem unter Platzangst leiden, ständig in der Box im Kreis oder auf der Koppel am Zaun entlanggehen und sich erschrecken, wenn sich Pferde oder Menschen von hinten oder von der Seite nähern. Sie stehen gern unterständig oder nach hinten heraus, bodeneng oder -weit (siehe S. 40) und haben Schwierigkeiten, geschlossen zu halten.

Rückenprobleme finden sich oft bei Pferden, die **nicht gern still stehen**, ob angebunden, an der Hand oder unter dem Reiter. Beim Aufsitzen weichen sie aus oder gehen los, sobald der Reiter den Fuß in den Bügel setzt. Sie neigen zum Zackeln, drücken den Rücken weg und sind schreckhaft. In Richtung Heimat verleitet Stalldrang sie zum Eilen, in der Reithalle driften sie gern ab oder stellen die Hinterhand seitlich heraus, und ihre Bewegungen sind eher mechanisch als frei und natürlich. Schwierigkeiten beim Geraderichten oder wacklige Bewegungen der Hinterhand können ebenso auf Spannungen im Rücken wie im Hals hindeuten. Oft geht das Pferd hinten eng, oder ein Hinterbein wird mehr zur Mittellinie hin gesetzt, häufig mit geradem Sprunggelenk oder insgesamt kaum angewinkelt, was sich gern im diagonalen Vorderbein widerspiegelt. Dieses Muster steht meist in Beziehung zum Hüftbereich; dem Pferd ist es fast unmöglich, geschlossen still zu stehen.

Pferde mit festem Rücken **tun sich schwer, sich nach vorne-abwärts zu strecken**, Hals und Rücken lang zu machen oder am hingegebenen Zügel im Gleichgewicht zu gehen. Auch über dem Sprung fällt ihnen die Bascule schwer; sie neigen dazu, schnell und flach zu springen und vor und nach dem Sprung davonzulaufen. Manche lassen ein Bein hängen, springen nach einer Seite, verdrehen sich über dem Sprung oder buckeln nach der Landung. Sie wehren sich gegen Arbeit auf engem Raum, gegen enge Wendungen und Volten.

Spannungen im Rücken können das Körperbewusstsein beeinträchtigen, und bei vielen Pferden, die im Brustbereich fest sind, ist **die Hinterhand nicht richtig angeschlossen**. Sie geraten in Panik, wenn sie mit der Hinterhand eine Stange berühren, ob an der Hand oder unter dem Reiter.

Pferde mit festem Rücken neigen zu extremem Verhalten: Entweder eilen sie oder sie sind träge und unaufmerksam.

Unter dem Reiter wirken sie faul und triebig ...

... oder drücken den Rücken weg und sind überempfindlich gegen den Schenkel.

Pferde mit mangelndem Selbstvertrauen sind häufig **fest im vorderen Rückenbereich**. Ihre Atmung ist meist flach, und oft hört man sie leicht seufzen. Sie können unter Sattelzwang leiden und sich hinwerfen, wenn

Verwrungenes Springen ist ein Zeichen dafür, dass das Pferd seinen Rücken nicht aufwölben kann.

sie gesattelt werden sollen, und viele verharren ständig im Flucht-/Kampfreflex (siehe S. 18).

Da alles mit allem in Zusammenhang steht, fällt das Becken oft ab oder wird seitwärts gedreht, um die Spannung im vorderen Rückenbereich zu kompensieren.

Spannung im Lendenbereich ist anzutreffen bei Pferden, die gern buckeln, besonders beim Angaloppieren. Sie reagieren auch empfindlich auf Berührungen an den Flanken, am Rumpf oder Bauch, verlieren schnell an Gewicht oder haben infolge der schwachen Bauchmuskulatur einen Bläh- oder Hängebauch. Schwindende Muskulatur im Kreuzbein- und übrigen Kruppenbereich führt zu einer wegen der vortretenden Wirbel spitz wirkenden Kruppe (besonders bei Springpferden zu sehen). Bei Pferden, die von Natur aus oder während einer Wachstumsphase überbaut sind, ist fast immer eine Spannung im Bereich der vorderen Brust- und der Lendenwirbel vorhanden. Manchmal schwingen die Hinterbeine zur Seite heraus, besonders beim Bergabgehen.

Probleme mit dem **Kniegelenk** können, abgesehen von tatsächlicher Gewalteinwirkung auf den Bereich, manchmal die Folge von Spannungen im Pferderücken sein. Spannung oder Schwäche im Lendenbereich macht Pferde empfindlich um den Schlauch herum oder führt dazu, dass sie bei der Arbeit den Penis hängen lassen.

Spannungen im Rücken können viele Ursachen haben. Ein **schlecht passender Sattel** ist eine davon, die jedoch auch als eine Art „Dominoeffekt" auftreten kann und von Problemen mit Unterkiefer, Zähnen und Hufen verursacht wurde. Der dadurch bedingte Muskelschwund an Schultern und Rücken kann die Oberlinie so verändern, dass der Sattel überhaupt nicht mehr passt. Auch der **Sitz des Reiters** spielt eine Rolle, weil er unabsichtlich eine ungleiche Muskelentwicklung im Rücken auslösen kann, die Einfluss auf sämtliche anderen Körperteile hat.

Ein Pferd, das mit hoch erhobenem Kopf über Bodenstangen geht, leidet womöglich unter Spannungen im Rücken.

Ein Bläh- oder Hängebauch bedeutet, dass auch keine richtige Oberlinie vorhanden ist.

ANZEICHEN FÜR SPANNUNGEN IN RÜCKEN UND HINTERHAND

Spannungen in Rücken und Hinterhand können außerdem verbunden sein mit

▸ Geräuschempfindlichkeit
▸ Nervosität
▸ Verunsicherung bei Bewegungen im Hintergrund
▸ Schwierigkeiten beim Verladen und Transport
▸ Durchgehen
▸ Schlagen
▸ Abneigung gegen Schweifbandagen
▸ Abneigung gegen Bandagen an den Hinterbeinen
▸ Angst vor engen Durchgängen
▸ Verteidigung des persönlichen Freiraums, Menschen wie anderen Pferden gegenüber
▸ Hormonstörungen bei Stuten
▸ Schwierigkeiten beim Hufe ausschneiden oder Beschlagen
▸ schleppender Hinterhand
▸ Auseinanderfallen
▸ verklemmter oder schlaffer Schweifrübe

Rippen, Bauch und Flanken

Empfindlichkeit oder blockiertes Körperbewusstsein an Rippen, Bauch oder Flanken hängt meist mit Spannungen in der Rücken- und Lendengegend zusammen, kann aber auch von ungleicher Entwicklung der Brust oder Steifheit in den Rippen herrühren. Auch die Fütterung und Verdauungsstörungen können dazu beitragen.

Empfindlichkeit am Bauch …

… steht meist in Verbindung mit Empfindlichkeit im Rücken.

Pferde mit Spannungen oder Empfindlichkeiten im Bauchbereich können heikle Fresser, aber auch besonders futterneidisch sein. Manche sind überempfindlich beim Putzen oder beißen sogar, wenn man sie an den Rippen, am Bauch oder an den Flanken berührt.

Spannungen um Flanken und Bauch können das Saugen des Fohlens für Zuchtstuten unangenehm machen und bei Hengsten und Wallachen dazu führen, dass sie sich ungern den Schlauch säubern lassen.

Pferde mit solchen Spannungen können zu Gurtzwang neigen und auf den Reiterschenkel entweder überhaupt nicht oder zu stark reagieren.

Verspannungen im Bauchbereich können auch mit Ängstlichkeit und Verunsicherung zusammenhängen.

Da eine Wechselbeziehung zwischen Maul und Verdauung besteht, kann bei solchen Pferden der Speichel dickflüssig, weiß und klebrig sein, das Maul kann aber auch extrem trocken erscheinen. Die Pferde stehen oft unter Spannung, lecken sich die Lippen oder knirschen mit den Zähnen.

> ### Anzeichen für Spannungen an Rippen, Bauch oder Flanken
> In diesen Bereichen überempfindliche Pferde können außerdem
>
> ▸ aggressiv sein
> ▸ lustlos gehen
> ▸ eine leichte, flache Atmung aufweisen
> ▸ Schwierigkeiten haben, sich zu entspannen
> ▸ bei seitlicher Annäherung ängstlich reagieren
> ▸ kolikanfällig sein
> ▸ einen angespannten Bauch oder aber einen Bläh- und Hängebauch haben
> ▸ geschwollene Lider aufweisen
> ▸ an anderen Pferden kleben

Schweif

Gewöhnlich besteht er aus 18 bis 21 Schweifwirbeln und steht in Beziehung zum Rücken und zur Hinterhand sowie zum Maul. Bei einem Pferd, das im Maulbereich besonders fest ist, weist der Schweif oft die gleiche Eigenschaft auf. Bei Pferden, die sich nicht gern am Schweif anfassen lassen, kann entspannende Massage um Nüstern und Kinn oft viel dazu beitragen, diese Nervosität ab- und Vertrauen aufzubauen. Ebenso können bei Pferden, die gern schnappen und beißen, entspannende Übungen mit der Schweifrübe dazu beitragen, dass sie auf Berührungen nicht mehr überreagieren. Die Beißprobleme können in manchen Fällen vollständig aufhören.

Abgesehen von diesen Beziehungen können Sie aus der Schweifhaltung eine Vielzahl von Informationen ablesen. Der obere Teil der Schweifrübe lässt sich mit den Schultern vergleichen, das Ende mit der Hinterhand. Pferde, die auf der Vorhand gehen oder in Brust und Schulter fest sind, klemmen oft den Schweif zwischen die Hinterback-

en, während eine verspannte Hinterhand und Probleme bei der Versammlung sich oft in einer versteiften Schweifspitze äußern.

Wenn Pferde sich ständig **schwer tun, den Schweif frei zu tragen**, besteht oft ein chronisches Rückenproblem. Bei Problemen wie *Kissing Spines* oder Stressfrakturen lassen die Pferde den Schweif vielleicht nie ganz los. Fehlt es dem ganzen Körper an Geschmeidigkeit und sind Seitengänge ein Problem, ist gewöhnlich auch der Schweif fest und gerade wie ein Stock. Ein schlaff herabhängender Schweif hingegen weist darauf hin, dass es dem Pferdekörper insgesamt an Geschlossenheit fehlt und das Bewusstsein für Hinterhand und Gliedmaßen blockiert ist.

Außerdem wird der Schweif gern zu der festeren Seite oder der tiefer liegenden Hüfte hin getragen. Ständiges Schweifschlagen kann ein Zeichen für Rückenverspannungen oder für Verunsicherung sein.

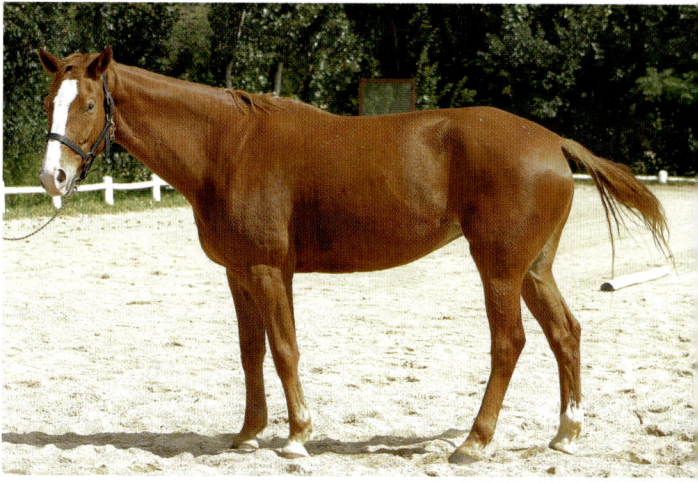

Die Stute ist steif in Hals und Rücken, was sich im Schweif widerspiegelt.

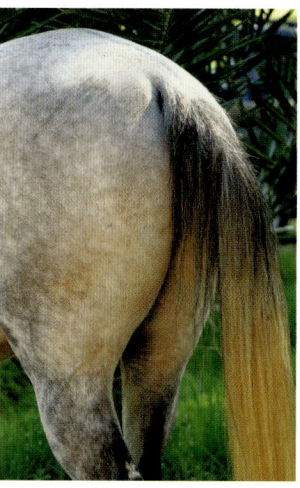

Ein Knick in der Schweifrübe hängt mit einer Verspannung im Rücken zusammen. Der Schweif wird nach der Seite hin getragen, die fester oder mehr abgesenkt ist.

Schweifschlagen kann ein Zeichen von Verunsicherung sein, hängt aber auch oft mit Verspannungen im Rücken zusammen.

Beine

Spannungen in der Schulter und der Hinterhand verändern die Flexibilität im gesamten Bein und umgekehrt. Ein steifes Sprunggelenk beeinflusst die Hüfte und/oder den Hinterfuß und wird von diesen beeinflusst, während Probleme im Karpalgelenk von Spannungen in der Schulter und/oder im Vorderbein beeinflusst werden und umgekehrt.

Kalte Röhrbeine können ein Anzeichen für Schreckhaftigkeit sein. Pferde mit schlecht durchbluteten Röhrbeinen können auf Gegenstände, die sich am Boden bewegen, z. B. Laub oder flatternde Plastikplanen, verunsichert reagieren. Cavaletti-Arbeit fällt ihnen schwer.

Bewegung und Gleichgewicht der Vorder- und Hinterbeine stehen in einer Wechselbeziehung zu Schultern, Hüften und Füßen.

Das Pferd hat eine schwache Nierenpartie; die Hüften sind angespannt, was sich auf die Art auswirkt, wie es steht und geht.

Pferden, die die Zehen schleifen lassen, fehlt es an Schwung; höchstwahrscheinlich sind sie verspannt in der Hinterhand und/oder Schulter, und das Körperbewusstsein im Rücken ist blockiert.

Spannungen im Ellbogenbereich beeinträchtigen den Raumgriff. Aber selbst bei „angedrückten" Ellbogen kann mit regelmäßiger Körperarbeit eine Verbesserung in der Bewegung des Vorderbeins erreicht und erhalten werden. Steife Fesseln hängen mit Verspannungen im Hals und/oder Rücken zusammen. Durch einfaches Hin- und Herschaukeln der Fesseln beim Beinkreisen lassen sich Probleme weiter oben im Bein oft erheblich verbessern.

Optimale Leistung hängt bis zu einem gewissen Grad vom Bau der Vordergliedmaßen ab. Deshalb ist es wichtig, dass die Vorderbeine effektiv arbeiten können – obwohl es zugegebenermaßen Pferde mit schlechtem Gebäude gibt, die trotzdem Spitzenleistungen erbringen. Selbst wenn Ihr Pferd solch einen Fehler aufweist, können Sie sehr viel dazu beitragen, um die Auswirkungen dieser natürlichen Gegebenheiten auf den ganzen Körper so gering wie möglich zu halten.

ANZEICHEN FÜR BEINPROBLEME

Pferde mit Beinproblemen können außerdem

▸ Schwierigkeiten haben, die Füße anzuheben

▸ eine Abneigung gegen das Abduschen an den Beinen haben

▸ verstärkt anfällig für Mauke sein

▸ ungern durchs Wasser oder über unebenes Geläuf gehen

▸ beim Verladen und Transport Schwierigkeiten machen

▸ zum Stolpern neigen

▸ sich gegen den Schmied wehren

Ting-Punkte

Auf jedem Kronenrand gibt es Akupressurpunkte, die mit den zwölf Hauptmeridianen im Körper in Verbindung stehen. Diese sog. Ting-Punkte bezeichnen Anfang oder Ende eines Meridians. Besteht in den Meridianen ein Ungleichgewicht, kann der Kronenrand gedunsene oder weiche Stellen aufweisen, die Haare können sich aufstellen, die Haut kann trocken oder eingedellt sein. TCM, die Traditionelle Chinesische Medizin, ist ein relativ komplexes System. Es kommt also nicht darauf an herauszufinden, welcher Ting-Punkt auf ein Ungleichgewicht hinweist, denn die Ursache des Problems kann sehr wohl an ganz anderer Stelle im Meridiansystem liegen. Das Wissen um diese Punkte kann Ihnen aber helfen zu erkennen, dass Ihr Pferd möglicherweise ein Problem hat.

Ting-Punkte Vorderbein

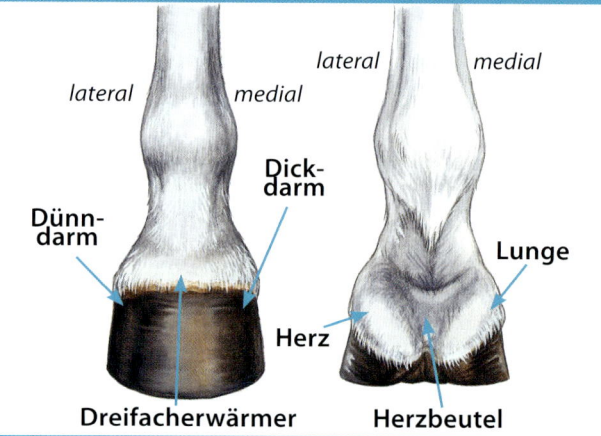

Ting-Punkte Hinterbein

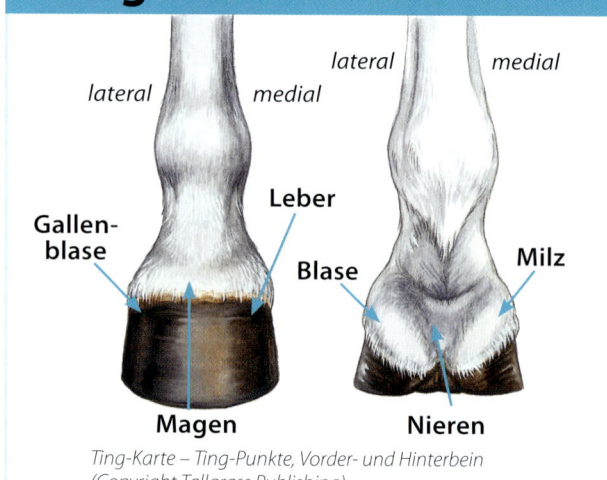

Ting-Karte – Ting-Punkte, Vorder- und Hinterbein (Copyright Tallgrass Publishing)

Hufe

Der Huf dient als Stoßdämpfer und ist die Grundlage jedes anderen Gelenks im Pferdekörper. Hufpflege ist lebenswichtig; das alte Sprichwort „Ohne Huf kein Pferd" ist nur allzu wahr.

Verspannungen in Hals, Schulter und Rücken beeinflussen den Winkel der Vordergliedmaßen. Muskelschwäche oder Spannung hinter der Schulter kann z. B. zu angedrückten Ellbogen führen; das Gewicht wird dann so verteilt, dass es seitlich durch Vorderbein und Huf fällt. Probleme im Lendenbereich und in der Hinterhand können das Gleichgewicht an den Hinterbeinen beeinträchtigen. So kann eine Verspannung in Lende und Hüfte beispielsweise zu einer kuhhessigen Stellung führen, was wiederum das Gleichgewicht der Hinterbeine beeinflusst. Ist der Huf selbst nicht richtig ausgewogen, hat dies Auswirkungen auf Gang und Wohlgefühl des Pferdes, denn der Huf unterstützt alle anderen Gelenke im Körper.

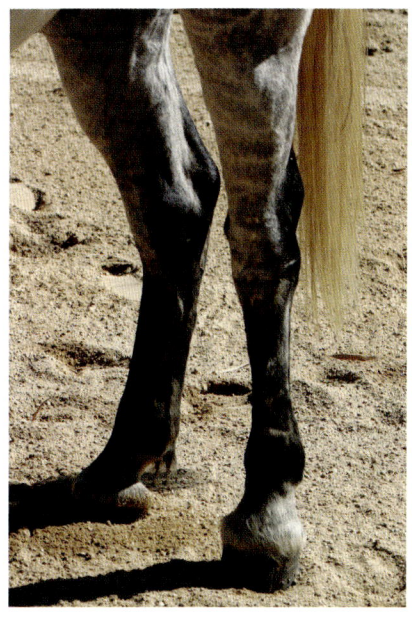

Eine Verletzung am Hinterbein hat sich nachteilig auf das Hufwachstum ausgewirkt. Verständlich, dass das Pferd unrittig ist und sich in der Hinterhand erheblich verkrampft.

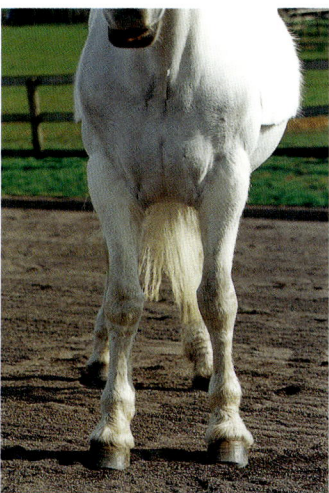

Angespannte Schultern beeinflussen den Winkel der Vorderbeine. Durch geeignete Körper- und Bodenarbeit lässt sich dies verändern.

Unten: Verspannte Hüften und ein nach vorn gekipptes Becken wirken sich auf die Gewichtsverteilung über die Hufe und damit auf deren Entwicklung und Wachstum aus.

Bewegung ist unabdingbar für die Hufgesundheit, weil dadurch die Durchblutung des Hufs angeregt wird. Hauptsächlich im Stall gehaltene Pferde können anfälliger sein für Hufkrankheiten, und mangelnde Hufpflege kann zu den verschiedensten Problemen einschließlich Strahlfäule und anderen Pilzinfektionen führen.

ANZEICHEN FÜR HUFPROBLEME

Pferde mit Schmerzen oder einem Ungleichgewicht im Huf können

▸ stur oder sauer wirken

▸ nicht frei vorwärts gehen

▸ beim Springen verweigern

▸ sich weigern, ein Bein anzuheben, weil dadurch eine Mehrbelastung für den schmerzenden Huf entsteht

▸ einen uneben verlaufenden Kronrand aufweisen

▸ Bläschen und raue Kanten am Kronrand haben

▸ den Huf oder das Hufeisen ungleich abnutzen

▸ einen heißen Huf haben

▸ Eckstrebendruck entwickeln

▸ sich wehren, wenn das Hufeisen angenagelt werden soll

▸ nicht gleichmäßig auf allen vier Hufen stehen – ein Huf wird nach vorn herausgestellt oder das Gewicht nach hinten verlagert, um die Vorderhufe zu entlasten

▸ sich dagegen wehren, das Röhrbein anfassen zu lassen

Positiv eingestellt bleiben

Geraten Sie nun, nachdem Sie Ihr Pferd sorgfältig angesehen haben, bitte nicht in Panik, wenn Sie Unregelmäßigkeiten in seinem Körperbau festgestellt haben. Mithilfe der Vorschläge im 2. Teil können sich auch Pferde mit schwierigen Spannungsmustern innerhalb von zwei Wochen dramatisch verändern. Bleiben Probleme bestehen, lassen Sie das Pferd vom Tierarzt untersuchen, aber fassen Sie die Fortschritte Ihres Pferdes in einer Checkliste zusammen und beantworten Sie die folgenden Fragen:

- Konnten Sie die Vorschläge im Buch durcharbeiten?
- Konnten Sie Verhalten oder verminderte Leistungsfähigkeit mit einem unter- oder überentwickelten Bereich am Pferdekörper in Beziehung bringen?
- Gibt oder gab es Faktoren wie Sattelanpassung oder Ungleichgewicht im Huf, die zu Schwierigkeiten beitrugen?
- Lassen sie sich verändern bzw. ist dies bereits geschehen?
- Gibt es im Verhalten und der Leistung des Pferdes Veränderungen, und seien sie noch so klein?
- Sind andere Probleme aufgetaucht, die zum ursprünglichen Problem beigetragen haben?
- Nimmt die Überreaktion bzw. das unerwünschte Verhalten ab?
- Hat sich das Pferd insgesamt durch die Arbeit verbessert und beruhigt?
- Können Sie ein Verhaltensmuster aufstellen, d. h. erkennen, wann Probleme auftreten?
- Bewegt sich das Pferd im Freilaufen nun locker und verändert es sich nur unter dem Reiter?

Können Sie alle Fragen mit „ja" beantworten, sind Sie wahrscheinlich auf dem richtigen Weg.

Angel – Teil 1

Angel, eine junge dunkelbraune Stute, traf ich, als ich mit den Pferden der Saddle Clubs von Sovereign Base Land auf Zypern arbeitete. Sie war nicht gerade das, was man sich für die Arbeit auf einem schattenlosen Sandplatz bei Temperaturen bis zu 30 Grad Celsius wünschen würde, aber im Hinblick auf die Schwere ihrer Probleme und da wir nur einen Tag in Akrotiri waren, blieb mir keine Wahl. Ich kann nur sagen, dass Angel – Engel – nicht gerade mein erster Gedanke war, als ich die kleine Stute in Aktion erlebte. „Satansbraten" wäre wohl passender gewesen.

Angel war im April 2000 geboren und vom Akrotiri Saddle Club im September des folgenden Jahres angekauft worden. Sie war nicht erzogen und angeblich von einem Mann geschlagen worden, kein Wunder also, dass sie stieg, als man ihr für den Transport zum Club ein Fohlenhalfter anlegen wollte. Sie fiel nach hinten um und verletzte sich hinter dem rechten Ohr im Genick. Um sie noch verladen zu können, musste man sie sedieren. In Akrotiri hatte sie einen Paddock für sich allein, und ihre Verletzung wurde mit einer Salbe behandelt, die aus Versehen ins Auge geriet und eine Reaktion auslöste, die mehrfach vom Tierarzt behandelt werden musste. Als alles ausgeheilt war, ließ man sie einige Monate in Ruhe, aber dann verletzte sie sich am Kniegelenk und musste wieder behandelt werden. Diese Behandlung löste eine heftige Reaktion aus, die sie beinahe das Leben gekostet hätte. Die Verletzung heilte nicht sehr gut, und bis zum Herbst 2001 ging der Tierarzt bei Angel ein und aus. Inzwischen hatte sie von der menschlichen Rasse verständlicherweise keine sehr hohe Meinung mehr und ein paar höchst gefährliche Gewohnheiten entwickelt, sodass schließlich niemand mehr etwas mit ihr zu tun haben wollte.

Das Problem wurde noch dadurch verschlimmert, dass Angel keinerlei Kontakt zu anderen Pferden hatte. Ich gebe zu, dass mir das Herz in die Hose rutscht, wenn ich mit Pferden arbeiten soll, die im Umgang gefährlich sind und allein groß wurden. Pferde, die nicht in Gesellschaft gleichaltriger Artgenossen aufgezogen wurden, kennen oft keine Grenzen und haben nie gelernt, dass rüpelhaftes Benehmen inakzeptabel ist. Sie wissen nicht, wie man sich als Teil einer Gruppe zu benehmen hat und können sich als erwachsene Pferde Menschen und Pferden gegenüber sehr dominant benehmen. Angel war keine Ausnahme. Ihre mangelnde Sozialisierung und die vielen negativen Erfahrungen, die sie mit Menschen, besonders mit Männern, gemacht hatte, hatten zu überschießenden Reaktionen und einem defensiven Verhalten geführt und sie im Umgang so schwierig gemacht, dass die Besitzer in Erwägung zogen, die Zweijährige einschläfern zu lassen.

Im April 2002 wurde sie von Hilary Gibbins gekauft, die mit Übungen an der Hand langsam versuchte, so etwas wie eine Vertrauensbasis herzustellen. Angel reagierte zwar Hilary gegenüber gut, ließ sich aber von anderen einschließlich Hilarys Ehemann Andy nicht anfassen. Hilary ließ sich nicht entmutigen. Sie ritt die Stute sogar allein an und machte kurze Ausflüge ins Gelände mit ihr, aber im Alltag veränderte sich das Verhalten der Stute nicht. Hilary war gezwungen, sie nach wie vor allein zu halten, weil sie jedes andere Pferd, das Hilary zu integrieren versuchte, drangsalierte und schikanierte. Ein neuer Pfleger im Stall löste weitere Probleme aus. Verständlicherweise hatte er Angst vor ihr und drohte ihr beim Ausmisten mit einem Eimer, um sie sich vom Leib zu halten, und natürlich verschlimmerte dies ihr Verhalten immer weiter. Schließlich wurde beschlossen, dass das Personal ihren Paddock nur noch zum Abmisten betreten sollte; das Futter wurde über den Zaun geworfen.

Da sich nun niemand sonst mehr um die kleine Stute kümmerte, begann sie Hilarys Leben zu beherrschen. Dreimal am Tag musste sie nach ihr sehen, also konnte sie nirgends hingehen. Hilary fühlte sich allmählich zermürbt und begann darüber nachzudenken, ob die anderen nicht vielleicht doch Recht hatten und die Stute eingeschläfert werden sollte, zumal sie selbst im folgenden Jahr die Insel verlassen wollte. Niemand sonst würde dieses aggressive, schwierige Pferd übernehmen wollen. Zum Glück für Angel war Hilary noch nicht bereit aufzugeben. Sie dachte über ihren bisherigen Umgang mit der Stute nach und beschloss, sich einfach eine Weile zu ihr auf den Zaun zu setzen und ihr Gesellschaft zu leisten. Vielleicht würde sich dann allmählich das verlorene Vertrauen wiederherstellen (Schluss siehe S. 96–97).

Machen Sie Ihr Pferd locker

Mit einfachen und wirkungsvollen Übungen, die sich leicht in die Alltagsroutine integrieren lassen, können Sie Ihrem Pferd zu freieren Bewegungen verhelfen. Die Übungen sind unterteilt in Körperarbeit, Bodenarbeit und Arbeit unter dem Reiter (siehe S. 79–80). Sie lassen sich individuell anpassen, und schon mit ein paar Minuten am Tag sind dramatische Veränderungen in Verhalten und Leistung des Pferdes zu erreichen. Gleichgewicht und Koordination des Menschen, am Boden oder im Sattel, werden damit ebenfalls verbessert.

Training

Das Training sollte in jedem Stadium und ungeachtet des Alters oder der Verwendung des Pferdes dessen körperliches, geistiges und emotionales Wohlgefühl, seine Entwicklung, Einstellung und Begabung fördern und verbessern. Leider ist dies nicht immer der Fall, und in manchen Disziplinen und Trainingssystemen wird es als gegeben hingenommen, dass manche Pferde auf der Strecke bleiben. Ein Pferd zu opfern, um mit einem anderen zu Erfolg zu gelangen, ist einfach nicht nötig. Eine solide Basis, Bewusstsein und ein flexibler und anpassungsfähiger Arbeitsplan, der dem Pferd erlaubt, ohne Gewaltanwendung und daher ohne Angst zu lernen, erhöhen weitgehend die Chancen, dass sich das Pferd zu einem selbstbewussten Partner entwickelt, der bis ins hohe Alter gesund und glücklich seine Arbeit verrichtet.

Auswahl des Trainers/ der Trainingsmethode

Die Auswahl des richtigen Trainers und der richtigen Trainingsmethode ist ebenso wichtig wie alle anderen Aspekte der Pferdehaltung. Um sich über das geeignete Vorgehen klar zu werden, stellen Sie sich folgende Fragen:

▸ Stimmt das, was der Trainer sagt, mit dem überein, was er tut?
▸ Wenn Sie sich an die Stelle des Pferdes versetzten: Wie würden Sie sich fühlen und was würden Sie aus dieser Erfahrung lernen?
▸ Was haben Sie für ein Gefühl, wenn Sie den Trainer bei der Arbeit mit dem Pferd beobachten?
▸ Könnten Sie das Gleiche tun?
▸ Wie reagiert der Trainer, wenn das Pferd nicht tut, was er von ihm verlangt? Hat er alternative Ideen und versucht eine andere Vorgehensweise, macht er dem Pferd die Lektion leichter verständlich, gibt er ihm eine Pause oder verlangt er das Gleiche noch einmal, nur härter?
▸ Es kann sehr erhellend wirken, den Ausdruck und die Reaktionen des Pferdes zu beobachten, wenn man nicht von Worten oder Geräuschen abgelenkt wird.

TTEAM und Connected Riding

Eine wahre Inspiration waren für mich TTEAM und Connected Riding (siehe S. 5). Die hier gezeigten Übungen beruhen auf diesen Methoden und kommen ohne viel spezielles Rüstzeug aus. Für TTEAM brauchen Sie eine flache Führleine, eine lange weiße Dressurgerte (den „Zauberstab") und ein 6,50 m langes farbiges Seil. Anstelle der flachen TTEAM-Führleine können Sie auch ein weiches Kletterseil (4,25 m lang) verwenden. Für Pferde, die sich nicht gern von Hand berühren lassen, wird ein Lammfellhandschuh oder ein weicher Gummistriegel empfohlen. Wichtige Ausrüstungsgegenstände sind außerdem der Halsring, ein verstellbarer Reifen aus steifem Lariat-Seil, und der Balancezügel, ein 1,80 m langer Gurt aus Leder und Seil, der mit Schnallen befestigt wird. Beide dienen dazu, die Balance zu verbessern (siehe S. 119 und 128).

Der spezielle Führstrick und die lange weiße Dressurgerte, der „Zauberstab", sind typisch für die TTEAM-Arbeit.

Peggy Cummings hat für ihre Übungen an der Hand ein spezielles Halfter entworfen, das enger am Pferdekopf anliegt als ein übliches Stallhalfter. Ein Halfter mit verstellbarem Nasenriemen ist ebenfalls akzeptabel. Der „Zauberstab" findet auch im Connected Riding Verwendung, ebenso die TTEAM-Führleine und etwas kürzere Seile für die Übungen an der Hand.

Peggy Cummings hat ihr eigenes Halfter entworfen und verwendet bunte Leinen für die Bodenarbeit.

Körperarbeit

Durch die Körperarbeit sollen Spannungen gelöst, die Durchblutung angeregt, das Körperbewusstsein gestärkt und Geschmeidigkeit und Leistung verbessert werden. Sie hilft dem Pferd, die Furcht vor Berührung zu überwinden und die Erinnerung an Schmerz zu verändern. Körperarbeit regt außerdem das parasympathische Nervensystem an (siehe S. 13), fördert eine tiefe und rhythmische Atmung, was das Immunsystem stärkt, verbessert die sensorische Integration und sorgt dafür, dass das Pferd sich rundum wohl fühlt.

Körperarbeit löst Spannungen …

TTouches

Von den verschiedenen TTouches, die einen Teil der TTEAM-Arbeit ausmachen, gibt es drei Kategorien: kreisförmige, gleitende und hebende Bewegungen. Die einfachen kreisförmigen TTouches haben oft eine unglaubliche Wirkung auf Pferde und können in kurzer Zeit tief greifende Veränderungen auslösen. Sie können überall am Pferdekörper ausgeführt werden und bringen das Pferd dazu, Kontakt zu akzeptieren und zu genießen. Die gleitenden Bewegungen sind leicht und beruhigend und werden am Rumpf, an Mähne oder Schweif angewendet. Außerdem dienen sie dazu, die anderen TTouches zu verbinden, einen Kontakt einzuleiten oder das Pferd zu entspannen. Bei den hebenden Bewegungen wird die Haut angehoben. Die Durchblutung wird gefördert, Spannungen und Muskelkrämpfe werden gelöst (siehe S. 94-95, 102, 130 und 143). Die meisten der TTouches und Führübungen tragen Tiernamen, damit sie sich besser einprägen.

… und fördert ein Gefühl der Entspannung, das zur Vertrauensbildung zwischen Pferd und Mensch beiträgt.

Bodenarbeit

Durch die Bodenarbeit werden Flexibilität und Gleichgewicht entwickelt; sie trägt viel zu einer soliden Basis für die Arbeit unter dem Reiter bei, weil das Pferd echte Selbsthaltung lernt. Es lernt, sich physiologischer zu bewegen, ohne dass Gelenke unnötig belastet werden.

Unter dem Reiter

Die Übungen unter dem Reiter bauen auf den Lektionen auf, die das Pferd in der Bodenarbeit gelernt hat, und ermöglichen dem Pferd, sich unter dem Sattel frei und ausbalanciert zu bewegen. Die Übungen umfassen Körperarbeit am Pferd vom Sattel aus, um Spannungen abzubauen und das Bewusstsein zu stärken, gerittene Lektionen einschließlich Stangenarbeit zur Förderung der korrekten Haltung und zur Muskelentwicklung und den Einsatz einfacher Hilfsmittel wie TTEAM-Balancezügel und Halsring.

Bodenarbeit fördert die Geschmeidigkeit und stärkt das Körper-Geist-Bewusstsein.

Unten: Übungen unter dem Reiter verbessern Balance und Koordination.

Gleichgewicht

Die folgenden Übungen dienen alle dazu, die Haltung des Pferdes und damit sein Gleichgewicht zu verbessern. Ein Pferd, das nicht im Gleichgewicht ist, erledigt seine Aufgaben gern in Eile. Den langsamen, präzisen Bewegungen von TTEAM und Connected Riding kommt deshalb eine Schlüsselrolle zu. Sie wirken auf das körperliche und visuelle Gleichgewicht sowie auf das Gleichgewichtsorgan im Innenohr ein, indem sie das Pferd entspannen und Hals und Rücken dehnen. Das stärkt die Eigenwahrnehmung und das Körperbewusstsein, verringert die Geräuschempfindlichkeit und trägt zu bewussten Bewegungen und zur Ausschöpfung des Leistungspotenzials bei.

Die ausschließliche Arbeit an der Longe oder in einer Longierhalle kann zu einer ungleichen Belastung der Gelenke führen und das Pferd dazu bringen, in Außenstellung über die innere Schulter zu gehen. Bringt man andere Aspekte der Bodenarbeit mit in die tägliche Routine ein oder longiert um im Quadrat gelegte Bodenstangen herum, entwickeln sich Gleichgewicht, Geschmeidigkeit und Geraderichtung. Je kreativer Sie sind, desto mehr konzentriert

sich das Pferd auf seine Übungen, wodurch Aufmerksamkeitsspanne und Lernfähigkeit gesteigert werden.

Andere Übungen sind zielgerichteter. Auf der Wippe zum Beispiel lernt das Pferd, an der Hand und unter dem Reiter, sein Gleichgewicht zu finden. Die Wippe zwingt die Führperson zu einer klaren und präzisen Zeichengebung. Mit einiger Übung kann das Pferd lernen, dass es, über dem Mittelpunkt der Wippe stehend, diese auf und ab bewegen kann, indem es einfach seinen Schwerpunkt verlagert, ohne die Füße zu bewegen.

Bodenstangen bringen Abwechslung in die Führarbeit und halten das Pferd geistig rege.

Auf dieser niedrigen Wippe lernt das Pferd, das Gleichgewicht zu halten, beste Voraussetzung für ruhiges Stehen im Hänger oder Lkw.

Wichtig:

▶ Die Übungen sind zwar einfach, brauchen aber trotzdem etwas Praxis in der Ausführung. Wenn Sie an irgendeinem Punkt ein ungutes Gefühl haben – STOPP! Sie müssen nicht jede Übung in jedem Teil machen, um bei Ihrem Pferd eine Veränderung zu bewirken.

▶ Wenn Ihr Pferd eine der Übungen nicht ausführen „will", liegt es vermutlich daran, dass es sie in Wirklichkeit nicht ausführen „kann" – weil es nicht verstanden hat, was es soll oder weil es ihm schwer fällt, locker zu lassen und sich auf einen bestimmten Körperteil zu konzentrieren. Das Pferd muss das Signal hören oder sehen, darüber nachdenken und dann seinen Körper entsprechend in Bewegung setzen. Kommt es nicht zurecht, zerlegen Sie die Übung in kleinere Schritte oder versuchen Sie es mit etwas Anderem.

▶ Achten Sie immer auf Ihre Körperhaltung. Pferde verändern ständig ihr Gleichgewicht, um Einflüsse von außen zu kompensieren. Sie lehnen sich sicher bei den Übungen nicht gegen Ihr Pferd, aber Sie können es unbewusst dazu bringen, sich weniger funktionell zu bewegen, wenn Sie selbst sich verspannen oder Halfter, Führleine oder Zügel als Stütze benützen. Setzen Sie Ihre Haltung und Ihr Gleichgewicht dazu ein, Ihrem Pferd zu helfen und die Wirkung der Arbeit zu beschleunigen.

▶ Achten Sie bei der Bodenarbeit und den Führübungen auf Zeichen, die auf beginnende Entspannung hindeuten und darauf, dass das Pferd Verbindung sucht. Zu den positiven Veränderungen gehören: Der Blick wird weicher, Hals und Rücken werden locker und länger, aus der Nase tritt Ausfluss aus, der Kopf sinkt ab und/oder das Pferd präsentiert sich im Halten wie in der Bewegung besser ausbalanciert.

Achten Sie bei der Körperarbeit auf Zeichen dafür, dass das Pferd sich entspannt und Verbindung sucht.

Otto – Teil 2

Otto mit Tony und Sarah

(Fortsetzung von S. 39)

Mithilfe einer Kombination von TTEAM-Körper- und Bodenarbeit wurden die Zeiträume, in denen es ihm nicht gut ging, allmählich kürzer und weniger häufig. In Zusammenarbeit mit Peggy Cummings von Connected Riding konnten wir ein Arbeitsprogramm ausarbeiten, das sich den Erfordernissen anpassen ließ. Die letzten Stücke des Puzzles fügten sich ein in Form eines wunderbaren McTimoney-Therapeuten, eines erstklassigen Hufschmieds und einer exzellenten Pferdezahnärztin, Lucinda Stockley, die sich ständig um Ottos Zähne kümmerte, weil die beschädigte Hüfte sich negativ auf seine ganze Körperhaltung auswirkte und dazu führte, dass seine Zähne sich ungleich abnutzten. Lucinda ist außerdem TTEAM-Practitioner, reitet ausgezeichnet und hat viele Jahre mit mir zusammen gearbeitet. Als Ottos Hinterhand stärker und stabiler wurde, begann sie, ihn in Show-Klassen sowie in Jagdpferde-und Dressurprüfungen vorzustellen. In seiner ersten Show-Prüfung, einer Qualifikation für die Horse-of-the-Year-Show, wurde er Zweiter.

Otto hat an diversen Foto-Sessions teilgenommen und ist bei allen TTEAM-Workshops hier auf der Tilley Farm dabei. Er ist für Leute mit den unterschiedlichsten Fähigkeiten ein wunderbarer und immer freundlicher Lehrer. Er trat sogar unter Tony in einer TV-Serie auf und hat einen kleinen Fan-Club, der ihn mit Pfefferminzbonbons versorgt.

Dieses Pferd legt wirklich Zeugnis ab für TTEAM und all die anderen Menschen, die ihm geholfen haben. Otto hat inzwischen einige beachtliche Erfolge erzielt und ist der Beweis dafür, dass Leistung auch dann erbracht werden kann, wenn körperlich nicht alles in Ordnung ist. Die Richter heben immer wieder hervor, wie frei und ausbalanciert sich Otto unter Lucinda präsentiert. Nicht schlecht für ein Pferd, dessen eine Hüfte fünf Zentimeter höher ist als die andere.

Übungen für den Reiter

Arbeiten Sie, bevor Sie mit den Übungen für das Pferd beginnen, ein paar Augenblicke an sich selbst. Peggy Cummings betont immer wieder, wie wichtig die Körperhaltung von Reiter oder Führperson dafür ist, dass das Pferd lockerer werden und seine Koordination und sein Körperbewusstsein verbessern kann. Mit der Arbeit an der eigenen Haltung können Sie Ihre Mitte stärken und ins Gleichgewicht kommen. Das Ergebnis sind ein längeres, gesünderes und glücklicheres Arbeitsleben, gesteigertes Wohlgefühl, weniger Ermüdung, ein besserer Sitz im Sattel und natürlich ein zufriedeneres Pferd.

Feldenkrais-Armübungen

Mit dieser Variante einer Feldenkrais-Übung lässt sich der Bewegungsspielraum des Oberkörpers besonders effektiv erweitern. Sie dauert nur ein paar Minuten und löst doch jegliche Verspannungen in Ihrem Körper, bevor Sie mit der Arbeit an Ihrem Pferd beginnen.

▶ Stellen Sie die Füße schulterbreit auseinander und achten Sie auf möglichst gleichmäßige Gewichtsverteilung über beide Beine und Füße. Strecken Sie den rechten Arm parallel zum Boden vor sich aus.

▶ Nehmen Sie ihn nun so weit zur Seite, wie es noch angenehm ist. Wie weit das ist, zeigt Ihnen ein Blick auf die Fingerspitzen: Wohin zeigen sie? Merken Sie sich einen Punkt an der Wand, im Gelände.

▶ Lassen Sie den Arm sinken und blicken Sie, ohne die Fußstellung zu verändern, wieder nach vorn.

▶ Heben Sie den ausgestreckten Arm langsam nach vorn an, sodass die Finger genau nach vorn zeigen. Kopf und Hals bleiben gerade, sodass Sie ebenfalls nach vorn sehen. Dann nehmen Sie den Arm langsam so weit zur Seite, dass er mit der Schulterneigung in einer Linie liegt.

▶ Nehmen Sie den Arm wieder nach vorn und dann wieder zur Seite. Wiederholen Sie diese Bewegung insgesamt fünf Mal. Lassen Sie den Arm einen Augenblick absinken.

▶ Heben Sie den Arm wieder vor sich an wie zuvor, drehen Sie diesmal aber Kopf und Hals leicht nach links, wenn Sie den Arm zur rechten Seite nehmen. Schulter und Arm sollen wieder eine Linie bilden. Diese Übung fällt manchen Menschen schwer, weil man gewohnheitsmäßig eher in Richtung Arm blickt.

▶ Bringen Sie den Arm wieder nach vorn und drehen Sie gleichzeitig Kopf und Hals ebenfalls wieder nach vorn, sodass Ihr Blick in Richtung Fingerspitzen geht.

▶ Wiederholen Sie dies insgesamt fünf Mal. Zu keinem Zeitpunkt darf es in der Schulter, im Hals oder Rücken ziehen oder spannen. Wenn es Ihnen schwer fällt, den Arm zu heben, heben Sie ihn nur leicht an. Die Übung wirkt auch so.

▶ Lassen Sie den Arm sinken und gehen Sie bei unveränderter Fußstellung zurück zum Anfang der Übung. Wie weit können Sie den Arm nun seitwärts nehmen? Wie weit sind Ihre Fingerspitzen jetzt von dem zuvor anvisierten Punkt entfernt? Bei den meisten Menschen hat sich der Bewegungsspielraum erheblich vergrößert, manchmal sogar verdoppelt.

▸ Wiederholen Sie die Übung mit dem linken Arm oder versuchen Sie spaßeshalber eine leichte Variante. Merken Sie sich wieder, wie weit Sie den linken Arm seitwärts nehmen können, aber anstatt der ungewohnten Bewegungen lassen Sie nun den Arm seitlich herunterhängen und stellen sich nur vor, wie Sie die Bewegungen ausführen. Führen Sie jede der beiden Übungen im Geiste fünf Mal aus und sehen Sie dann nach, wie weit Ihre Fingerspitzen nun vom ursprünglichen Merkpunkt entfernt sind. Zu ihrem Erstaunen hat sich bei den meisten der Bewegungsspielraum ebenso erweitert, wie wenn sie den Arm wirklich bewegt hätten. Stellen Sie sich vor, was wir erreichen könnten, wenn wir diese Methode auf unser Reiten und unsere Pferde anwenden könnten. Wir würden vom Sofa aus alle Grand-Prix-Niveau erreichen!

Über Stangen gehen

Eine schnelle Übung, um Becken und Hüfte zu lösen und das Gleichgewicht zu verbessern. Legen Sie eine Stange auf den Boden und gehen Sie längs darüber, indem Sie die Beine überkreuzen. Experimentieren Sie mit unterschiedlichen Geschwindigkeiten.

Pulswärmer

Es ist wichtig, die Handgelenke gerade und die Daumen oben auf den Fäusten zu halten, weil nur dann ein leichter und gleichmäßiger Kontakt zum Pferdemaul gewährleistet ist und der Reiter wirklich feine Zügelhilfen geben kann.

Wenn Sie ständig Probleme mit der korrekten Handhaltung haben, kann dies von einer anderswo unterbrochenen Verbindung herrühren. Pulswärmer, wie Sportler sie tragen, sind billig, leicht erhältlich und äußerst nützlich. Hände und Gelenke werden verstärkt wahrgenommen, was das Gehirn dazu bringt, diesem Teil des Körpers erhöhte Aufmerksamkeit zu widmen, und dazu beiträgt, dass Sie eine bessere Verbindung zu Ihren Händen haben.

Abgewinkelte Handgelenke und mangelnder Zügelkontakt sind häufige Reiterfehler.

Pulswärmer lenken Ihre Aufmerksamkeit auf die Stellung von Händen und Handgelenken.

Körperband

Das Körperband arbeitet nach dem gleichen Prinzip der erhöhten Wahrnehmung. Wickeln Sie elastische Binden um Ihren Oberkörper, um besser zu spüren, wie Sie im Sattel sitzen. Da Schultern und Ellbogen die Stellung von Becken und Unterschenkel kompensieren und umgekehrt, lässt sich durch ein Körperband um den Oberkörper das Gleichgewicht insgesamt verbessern. Sie nehmen bewusster wahr, wie Sie im Sattel sitzen und sich bewegen, und können Ihren Sitz entsprechend verändern.

Ein Körperband um den Oberkörper macht den Reiter …

… aufmerksam auf Sitzfehler wie Einknicken in der Hüfte oder Hohlkreuz.

Neutrales Becken

Wie Pferde sind auch viele Menschen ständig vor oder hinter der Senkrechten und entwickeln zum Ausgleich für die ungleiche Haltung gewohnheitsmäßige Verspannungen. Die tiefe Rumpfmuskulatur sorgt dafür, dass der Körper aufrecht bleibt. Nimmt ein Reiter die neutrale Beckenstellung ein, treten automatisch die tiefen Rumpfmuskeln in Aktion und sorgen für Gleichgewicht, auch wenn ein Pferd scheut, klebt oder plötzlich erstarrt. Da Widerstand nur gegen Widerstand geleistet wird, wird ein Pferd unter einem

Manche Reiter sitzen vor der Senkrechten, …

… manche dahinter. Beides bringt das Pferd unabsichtlich auf die Vorhand.

Reiter, der wirklich im Gleichgewicht sitzt, viel weniger Grund haben abzuschalten, sich den Hilfen zu entziehen oder sich zu verspannen. „Neutrales Becken" ist eine Connected-Riding-Übung, die dem Pferd freie, losgelassene Bewegungen ermöglicht. Sie hilft dem Reiter, ein Teil der Lösung anstatt unbewusst ein Teil des Problems zu werden, und ist von den meisten Reitern leicht zu erlernen, unabhängig von Alter oder Erfahrung.

▸ Finden Sie die neutrale Beckenstellung zuerst auf einem Stuhl heraus und übertragen Sie das Prinzip auf Ihren Sitz im Sattel.

▸ Setzen Sie sich auf die Stuhlkante – Füße und Beine auseinander – und rutschen Sie auf den Sitzbeinhöckern eine Idee nach vorn. Die Hände liegen auf den Oberschenkeln oder hängen frei herab. Machen Sie mit dem Oberkörper eine winzige Schaukelbewegung. Wie fühlt sich das an?

▸ Heben Sie das Brustbein etwas an, sodass der Rücken leicht hohl wird (unten). Schaukeln Sie wieder vor und zurück. Fühlt sich die Bewegung weniger flüssig und nicht ganz so mühelos an wie zuvor?

▸ Nehmen Sie wieder die Mittelposition ein, Brustbein weder unten noch oben (unten), und schaukeln Sie wieder leicht vor und zurück. Die Bewegung sollte so klein sein, dass ein Beobachter sie überhaupt nicht wahrnehmen würde. Das ist die neutrale Beckenstellung.

▸ Lassen Sie das Brustbein absinken, so dass Sie etwas zusammenfallen (rechts oben), und machen Sie wieder die Schaukelbewegung. Wie fühlt es sich nun an?

► Aus dieser Position heraus können Sie sich mühelos und perfekt ausbalanciert bewegen, ohne dass in einem anderen Körperteil Druck oder Spannung entsteht. Sie brauchen für die Schaukelbewegung wenig bis gar keine Kraft mehr aufzuwenden.

► Zu Pferd oder auf einem Sattelbock finden Sie die neutrale Beckenstellung heraus, indem Sie die Beine vor die Sattelblätter legen und auf den Sitzbeinhöckern etwas nach vorn rutschen. Lassen Sie das Pferd von jemandem halten, falls es durch die Bewegung unruhig wird. Leichter Druck gegen Brust- und Kreuzbein zeigt, dass Sie nun sicher und im Gleichgewicht im Sattel sitzen. Packen Sie ein Büschel Mähnenhaare oder – auf dem Sattelbock

– ein Stück Satteldecke vor der Sattelkammer und ziehen Sie daran. Ihr Körper muss sich ganz und gar stabil anfühlen, ohne dass Sie zusätzlich irgendeinen Muskel zu aktivieren brauchen. Wenn Sie nach vorn gezogen werden oder sich verspannen, haben Sie die neutrale Beckenstellung noch nicht gefunden.

Sarah sitzt nun aufrechter und nicht mehr hinter der Senkrechten.

Ohne neutrale Beckenstellung werden Sie durch leichten Druck gegen das Brustbein nach hinten …

… und durch leichten Druck gegen das Kreuzbein nach vorn gedrückt.

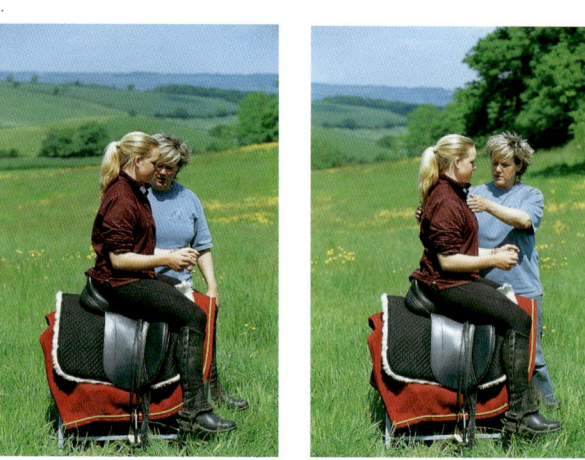

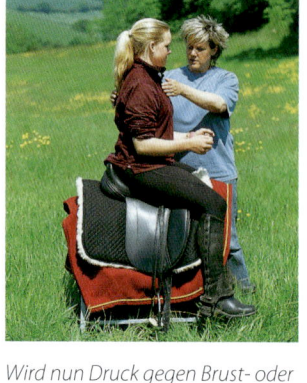

Mit den Beinen vor dem Sattelblatt bewegen Sie sich auf den Sitzbeinhöckern nach vorn, um zur neutralen Beckenstellung zu finden.

Wird nun Druck gegen Brust- oder Kreuzbein ausgeübt, sitzen Sie ohne jede zusätzliche Muskelanspannung stabil im Sattel.

Hat das Pferd nichts dagegen, können Sie die gleichen Übungen auch auf dem Pferd machen.

Nach vorn fließen

Die von den Hinterbeinen des Pferdes ausgehende Energie und der Impuls der Vorwärtsbewegung bringen viele Reiter hinter die Senkrechte. Zum Ausgleich dafür, dass sie ständig aus dem Gleichgewicht gebracht werden, machen sie sich steif im Oberkörper, in den Hüften, im unteren Rücken und in den Schultern. „Nach vorn fließen" ist eine Connected-Riding-Übung, die Ihnen hilft, leicht und gerade im Sattel zu sitzen, ohne das Gleichgewicht zu verlieren, und dem Pferd erlaubt, sich frei und ohne Mühe unter Ihnen zu bewegen.

▸ Um in der Bewegung mitgehen zu können, ohne dass der Oberkörper bei jedem Schritt oder Tritt übermäßig vor- und zurückschwankt, nehmen Sie die neutrale Beckenstellung ein. Denken Sie bei jedem Schritt des Pferdes daran, leicht nach vorn zu fließen. Die Bewegung des Pferdes bringt nun Ihren Körper automatisch ins Gleichgewicht. Die Bewegung nach vorn ist winzig und sollte für einen Beobachter zu Fuß nicht wahrnehmbar sein.

Übungen für das Pferd

Die Übungen für das Pferd sind im Folgenden nach Körperbereichen aufgeführt. Wenn Sie aber eine ganz bestimmte Übung suchen, hilft Ihnen diese alphabetische Liste, sie leicht und schnell zu finden.

Körperarbeit

Abstreichen mit der Gerte 141
Bauchheben 136
Beinkreise hinten 132
Beinkreise vorn 122
Haargleiten an der Mähne 114
Haargleiten und Kreise am Schopf 108
Den Bogen laufen 109
Hals schaukeln 112
Druck auf die Pferdebacke 107
Backenlinie nachzeichnen 106
Maul-TTouch 90
Nüstern-TTouch 92
Ohren-TTouch 104
Python-TTouch 139
Raupe 113
Rippen lösen 135
Schopf ziehen 115
Schulter nachzeichnen 123
Schweifarbeit – Haargleiten und Lockern 138
Schweifarbeit – Kreise und Ziehen 130
TTouches (Gesicht, Stirn und Kiefergelenk) 94
TTouches (Hufe) 143
TTouches (Widerrist, Rücken und Hinterhand) 130
TTouches um das Auge 102
Widerrist schaukeln 124

Bodenarbeit

Bodenbeläge 144
Bodenstangen, Mikado 146
Brieftaube 116
Cavaletti 125
Führen mit Gerte und TTEAM-Führleine 100
Pause fürs Kinn 110
Kopf senken 98
Labyrinth 132
Das „S" laufen 118
Druck auf die Pferdeschulter 126
Stangenarbeit an der Hand 142
Stern 137
Zickzack-Stangen 111

Reiten

Balancezügel 128
Hüftrotation (Reiter) 137
Druck auf die Pferdehüfte 134
Begegnen und Schmelzen 93
Hals lösen 121
Halsring 119
Schulterdruck vom Sattel aus 127
Stangentreten 143
Zügel gleiten 93

Maul, Nase und Kinn

Maul, Nase und Kinn gehören zu den ausdruckstärksten Partien des Pferdes und zeigen zuverlässig Stress oder Beunruhigung an. Sind diese Bereiche weich und locker, ist auch das Pferd ruhiger und einfacher im Umgang wie unter dem Sattel.

Maul-TTouches

Vom Standpunkt des Pferdes aus ist das Maul oft das Zentrum ziemlich negativer Erfahrungen: Die Zähne werden geraspelt, Entwurmungspaste wird in kurzen Abständen hinein gedrückt, und meistens bekommt es ab dem 4. Lebensjahr regelmäßig kalte, manchmal unangenehme Metallteile hinein gelegt. Das führt oft dazu, dass Pferde im Maulbereich überempfindlich sind oder sich nicht gern berühren lassen. Die gute Nachricht: Das kann sich ändern, wenn man nur weiß, wie. Mit der folgenden Übung lassen sich Verhalten und Leistung des Pferdes erheblich verbessern, Stress wird abgebaut, es kann sich besser entspannen und seine Konzentrationsspanne erhöht sich.

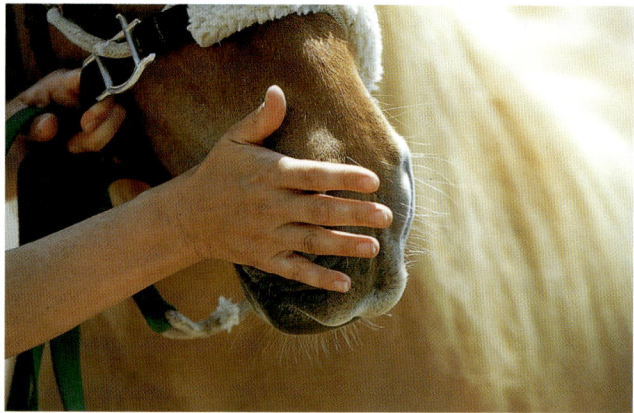

Halten Sie den Pferdekopf am Halfter ruhig und streichen Sie mit der Handfläche die Nase hinunter und um Maul und Nüstern.

Lässt sich das Pferd nicht gern im Gesicht und am Maul berühren, streichen Sie es mit dem Handrücken ab.

Mit dieser Übung kann man

- Pferde darauf vorbereiten, das Gebiss anzunehmen
- Pferde daran gewöhnen, sich im Maul auf Zahnschäden oder Verletzungen untersuchen zu lassen
- übererregbaren und überempfindlichen Pferden helfen
- dagegen angehen, dass sich das Pferd auf dem Gebiss abstützt
- das Pferd davon abbringen, sich einseitig steif zu machen
- Pferden das Beißen abgewöhnen
- Pferde an die Entwurmungspaste gewöhnen

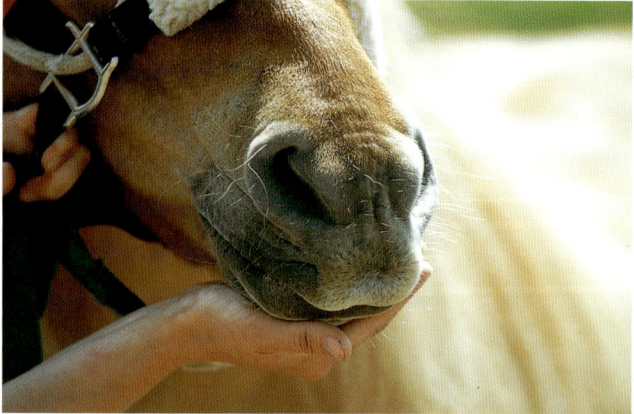

Bewegen Sie das Kinn mit der Hand vorsichtig im Kreis.

- Stellen Sie sich seitlich vom Pferd auf, so dass Sie das Maul leicht erreichen können. Halten Sie den Kopf mit dem Halfter ruhig und streichen Sie mit der flachen Hand über Maul, Nase und Kinn. Wehrt sich das Pferd oder reagiert überempfindlich, streicheln Sie es mit dem Handrücken. Lässt es sich auf einer Seite nicht gern anfassen, gehen Sie zurück zu der Seite, die ihm angenehmer war.

- Lässt sich das Pferd die Maularbeit gern gefallen, heben Sie die Oberlippe mit den Fingern oder dem Daumen an und lassen die aneinandergelegten Finger vor und zurück über das obere Zahnfleisch gleiten. Ist das Maul trocken, machen Sie die Finger zuerst nass.

- Bei einem Pferd, das beißt oder eine starke Oberlippe hat, achten Sie darauf, die Hand so abzuwinkeln, dass Sie die Lippe mit dem Handrücken anheben, damit die Finger in sicherer Entfernung von den Zähnen bleiben.

▸ Für die Maul-TTouches unten machen Sie mit dem Daumen kleine Kreise auf der Innenseite der Unterlippe und stützen das Pferdekinn von außen mit den Fingern ab.

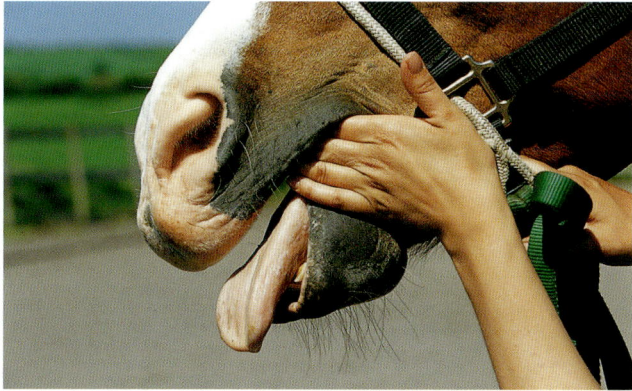

Heben Sie mit den Fingern die Oberlippe an und lassen Sie die Finger vor und zurück über das obere Zahnfleisch gleiten.

Beisst das Pferd oder hat eine besonders starke Oberlippe, winkeln Sie die Hand so ab, dass Sie die Oberlippe mit dem Handrücken anheben.

▸ Lassen Sie den Daumen in den Maulwinkel auf der anderen Seite gleiten und machen Sie auf der Innenseite der Wange kleine Kreise. Schieben Sie dabei die Wange leicht von den Zähnen weg, damit Sie nicht gebissen werden können.

▸ Bewegt das Pferd den Kopf, versuchen Sie nicht, es festzuhalten, sondern machen Sie die Bewegung mit. Wird das Pferd wirklich unruhig, versuchen Sie es mit TTouches (S. 94) irgendwo anders am Kopf oder Körper oder arbeiten Sie an den Ohren (S. 104). Wenn das Pferd weiß, dass Sie es zu nichts zwingen werden, das ihm unangenehm ist, wird es bei Ihrem nächsten Versuch entspannter sein.

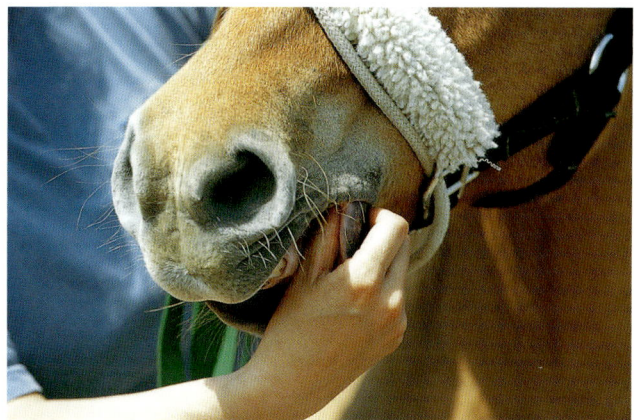

Stecken Sie den Daumen in den Maulwinkel und heben Sie die Wange sanft von den Zähnen ab. Machen Sie mit dem Daumen kleine kreisförmige Bewegungen.

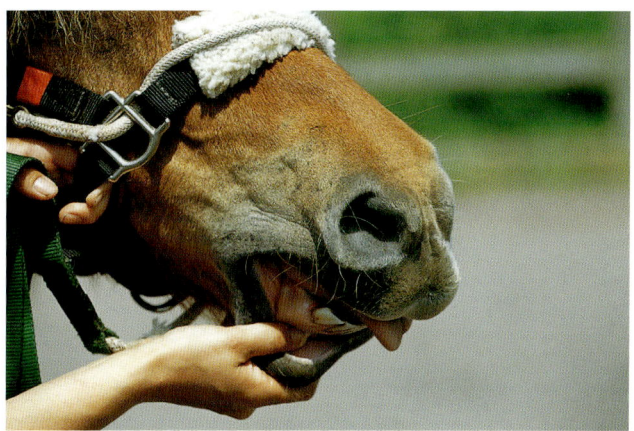

Machen Sie mit dem Daumen kleine Kreise auf der Innenseite der Unterlippe.

Mein Pferd mag diese Übung nicht

▸ Versuchen Sie es zuerst mit den Nüstern (S. 92).
▸ Schieben Sie Lippen und Nase längere Zeit mit der Handfläche oder der Rückseite der Finger im Kreis herum.
▸ Versuchen Sie es mit Schweifarbeit und anderen TTouches (S. 130 und 138). Maul und Schweif stehen in Verbindung.
▸ Legen Sie dem Pferd ein dünnes kleines Handtuch ums Maul und arbeiten Sie durch das Tuch.

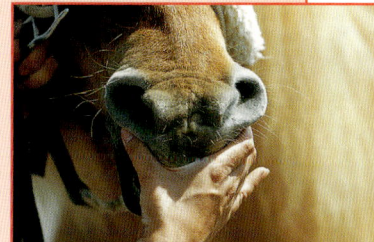

Schieben Sie Lippen und Nase längere Zeit im Kreis herum.

Wehrt das Pferd sich auch weiterhin gegen die Berührungen, ist es sinnvoll, das Pferd notfalls sedieren und die Maulhöhle von einem Tierarzt genau untersuchen zu lassen, um irgendwelche Zahnprobleme auszuschließen.

Nüstern-TTouch

Nüstern sind verschieden in Größe und Form. Wenn das Pferd sich im Maul fest macht, sind wahrscheinlich Nase und Nüstern ebenfalls angespannt. Mit dem Nüstern-TTouch können Sie verkrampfte Gesichtsmuskeln lösen, dem Pferd die Angst davor nehmen, seine Nase in ein Halfter zu stecken, und es insgesamt duldsamer machen.

> **Mit diesem TTouch können Sie …**
> ▸ das Pferd auf die bei Kolik oder Schlundverstopfung notwendige Sondierung vorbereiten
> ▸ das Pferd an Berührungen am Maul gewöhnen
> ▸ den Grundstein für die Arbeit im Maulinnern legen
> ▸ das Vertrauen zur menschlichen Bezugsperson aufbauen

▸ Stellen Sie sich neben das Pferd und halten Sie Backenstück und Nasenriemen des Halfters mit der rechten Hand fest. Mit dem Rücken der linken Hand streichen Sie – behutsam, aber bestimmt – von oben nach unten über Nase und Maul. Eine zu leichte Berührung kann das Pferd irritieren, eine zu starke könnte ihm unbehaglich sein. Ist dies dem Pferd schon zu viel, schließen Sie die linke Hand zu einer weichen, halboffenen Faust und machen mit den Fingerrücken kleine Kreisbewegungen (S. 94) um Nase und Maul. Packen Sie dabei das Halfter nicht zu fest an. Achten Sie außerdem darauf, vor lauter Konzentration auf Ihre Arbeit nicht aus Versehen den Pferdekopf nach unten zu ziehen.

Streichen Sie abwärts über Nase und Maul.

▸ Fühlt das Pferd sich wohl damit, lassen Sie die Finger um den Nüsternrand nach innen gleiten und reiben den äußeren Rand mit dem Daumen. Sie können versuchsweise auch den Daumen nach innen nehmen und den Nüsternrand mit Daumen und Fingern vorsichtig nach außen dehnen.

Sie können den Daumen auch in die Nüster auf der anderen Seite gleiten lassen und den Rand vorsichtig nach außen dehnen.

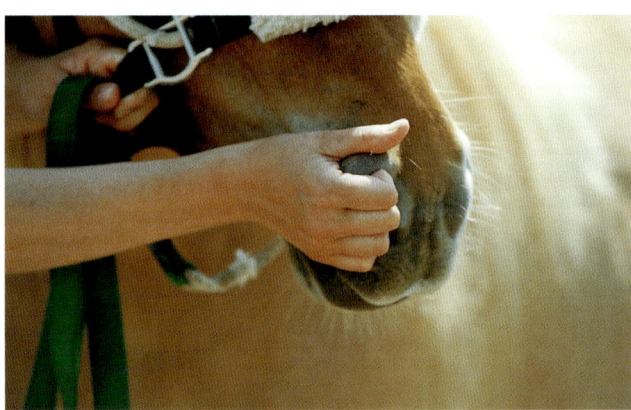

Die Fingerspitzen greifen um den Nüsternrand herum.

▸ Arbeiten Sie an beiden Nüstern von einer Seite aus (mit dem Daumen in der Nüster auf der anderen Seite) oder wechseln Sie die Seite und wiederholen Sie die Übung von der anderen Seite.

Begegnen und Schmelzen

Wenn ein Pferd zieht oder sich aufs Gebiss legt, sind wir in Versuchung, reflexhaft zurückzuziehen oder es mit einer kurzen halben Parade vom Gebiss wegzubringen. Wirkungsvoller ist es, dem Druck, den das Pferd ausübt, einen Augenblick gegenzuhalten und dann langsam nachzugeben. Mit Ihrem langsamen Nachgeben bringen Sie das Pferd dazu, ebenfalls nachzugeben. Es wird weich im Unterkiefer und Hals und lernt, sich zu tragen.

> **Mein Pferd mag diese Übung nicht**
> ▸ Werfen Sie die Zügel nicht weg, sondern geben Sie langsam nach.
> ▸ Begegnen Sie dem Druck des Pferdes mit der gleichen Druckstärke, bevor Sie nachgeben.
> ▸ Überprüfen Sie, ob Gebiss und Sattel passen.

Am Zügel gleiten

Eine andere Möglichkeit, das Pferd zum Loslassen in Unterkiefer, Hals und Rücken zu bringen, besteht darin, „die Zügel zu streicheln". Lassen Sie in einer Wendung entweder den Zügel durch die Hand gleiten oder nehmen Sie beide Zügel zusammen und greifen Sie Hand über Hand, wenn das Pferd pullt und sich auf den Zügel legt.

… weil es Verspannungen im Kiefer, Genick, Hals und Rücken löst.

> **Mein Pferd mag diese Übung nicht**
> ▸ Achten Sie darauf, nicht mit den Schenkeln zu klammern und das Pferd damit unabsichtlich vorwärts zu treiben.
> ▸ Versuchen Sie es mit neutralem Becken und Nach-vorn-Fließen.
> ▸ Versuchen Sie die Übungen zur Lockerung von Hals, Rumpf und Rücken.
> ▸ Überprüfen Sie, ob Gebiss und Sattel passen.

Am Zügel gleiten hilft Pferden, die sich aufs Gebiss legen, …

Gesicht, Stirn und Kiefergelenk

Pferde mit Vertrauen in sich selbst und zum Menschen lassen sich im Allgemeinen gern am Kopf und im Gesicht berühren. Wehrt sich das Pferd gegen die Berührung, ist dies oft ein Zeichen für Zahnprobleme, Verspanntheit oder die Erinnerung an eine schlechte Erfahrung. Wenn Sie sich Zeit dazu nehmen, am Kopf und im Gesicht zu arbeiten, dient dies der Entspannung des Pferdes und vertieft Ihre persönliche Beziehung.

TTouches

Mit einfachen kreisförmigen TTouches im Gesicht können Sie verspannte Gesichtsmuskeln lockern und das Pferd daran gewöhnen, sich am Kopf berühren zu lassen.

Der Wolkenleopard-TTouch ist die Basis aller kreisförmigen TTouches. Stellen Sie sich auf der Stirn des Pferdes ein Zifferblatt vor, ca. 1 cm im Durchmesser, mit der 6 am unteren Rand. Mit einer Hand halten Sie leicht das Halfter oder die Führleine, die Finger der anderen legen Sie auf dem vorgestellten Zifferblatt auf die 6 (s. Zeichnung S. 95). Verschieben Sie nun mit den Fingerballen die Haut mit gleichmäßigem Druck im Uhrzeigersinn einmal herum und über die 6 hinweg bis zur 9. Auf der 9 warten Sie kurz ab, und wenn das Pferd sich entspannt, legen Sie die Finger auf eine andere Stelle und wiederholen die Bewegung.

▸ Wichtig ist, an jeder Stelle nur einen Eineinviertel-Kreis zu beschreiben und mit den Fingern nicht nur über das Fell zu gleiten, sondern die Haut im Kreis zu verschieben. Mit dem Daumen stabilisieren Sie die Hand, während die Finger die Bewegung ausführen. Zeige-, Mittel- und Ringfinger werden zusammengehalten, wodurch der kleine Finger automatisch folgt. Wenn Sie die Finger- und Handgelenke verkrampfen, wird die Bewegung steif. Lassen Sie die Finger locker im Kreis wandern.

> **Mit dieser Übung können Sie**
> ▸ ein nervöses Pferd beruhigen
> ▸ ein kopfscheues Pferd an die Hand gewöhnen
> ▸ Pferden abgewöhnen, mit dem Kopf zu stoßen oder anzustoßen
> ▸ ein Pferd vom Beißen abbringen
> ▸ kalte Stellen am Nasenbein oder im Gesicht warm reiben
> ▸ heiße Stellen abkühlen
> ▸ ein Pferd an Halfter und Trense gewöhnen

Die Haut wird in einem Eineinviertel-Kreis verschoben.

Druckstärken

Der TTouch wirkt auf das Nervensystem und kommt mit wenig Druck aus. Wir bekommen schon als Kinder gepredigt, dass nur harte Arbeit Erfolg bringt. Für die Tellington-Methode stimmt das nicht, und der Beweis, dass weniger oft mehr sein kann, ist immer wieder erbracht worden. Um Ihnen ein Gefühl dafür zu geben, wie stark der Druck für die einzelnen TTouches sein soll, verwendet die Tellington-Methode ein Nummernsystem von eins bis zehn.

▸ Legen Sie den Daumen leicht auf Ihre Wange und die Fingerspitzen auf den Wangenknochen. Verschieben Sie so behutsam wie möglich die Haut über dem Wangenknochen, sodass Sie den Knochen kaum spüren. Dies ist **Druckstärke 1**. Zur Übung verschieben Sie mit dem gleichen Druck die Haut am Unterarm. Es darf keine Delle entstehen. Wenn Sie die Haut über dem Wangenknochen mit etwas mehr Druck verschieben, sodass Sie den Knochen unter den Fingerspitzen gerade noch fühlen, ist dies **Druckstärke 3**. Ein Kreis auf dem Unterarm mit dieser Druckstärke sollte eine leichte Vertiefung erzeugen. Die doppelte Stärke ergibt **Druckstärke 6**.

▸ Wolkenleopard- und Waschbär-TTouches werden meistens mit Druckstärke 3-5 ausgeführt, je nach Reaktion des Pferdes und dem Bereich, an dem Sie arbeiten. Am Kopf und im Gesicht sollten Sie es mit Druckstärke 2 oder 3 versuchen. Für den Schimpansen- und den Lama-TTouch wird meistens Druckstärke 2–3 verwendet.

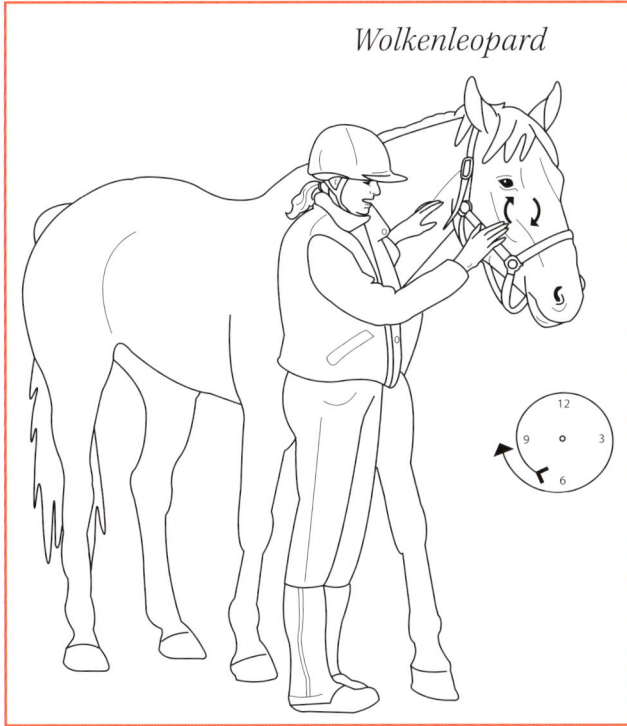

Wolkenleopard

Machen Sie zur Übung die Kreise auf dem Handrücken, damit Ihre Hände locker werden und Sie ein Gefühl dafür bekommen, wie sich der TTouch von der anderen Körperarbeit unterscheidet. Wichtig ist, die Kreise wirklich rund und in einer einzigen, fließenden Bewegung zu machen.

▸ Vergessen Sie über der Arbeit das Atmen nicht. Vor lauter Konzentration halten wir oft die Luft an, und das macht unseren Körper steif und wirkt sich ungünstig auf den TTouch aus. Den Wolkenleopard-TTouch können Sie überall am Kopf und im Gesicht ausführen. Variieren Sie Ihre Handhaltung entsprechend, damit die Bewegung immer locker und flüssig bleibt.

Der Waschbär-TTouch wirkt gut am Ohransatz, um das Auge herum und am hinteren Ganaschenrand.

Mit dem Waschbär-TTouch lässt sich besonders gut am Ohransatz arbeiten.

▸ Krümmen Sie die Finger noch etwas mehr als beim Wolkenleopard-TTouch, sodass Sie die Kreise nun mit den Fingerkuppen machen. Denken Sie daran, Hand und Finger weich zu halten und sich nicht in den Knöcheln zu versteifen.

Den Lama-TTouch mögen besonders nervöse Pferde und solche, die sich an bestimmten Körperpartien nicht gern berühren lassen. Sie finden den Kontakt mit dem Handrücken oft weniger bedrohlich.

▸ Halten Sie die Finger locker und streichen Sie dem Pferd mit dem Handrücken über Stirn, Nase und Backen. Sie können diesen TTouch auch mit den Kreisen verbinden.

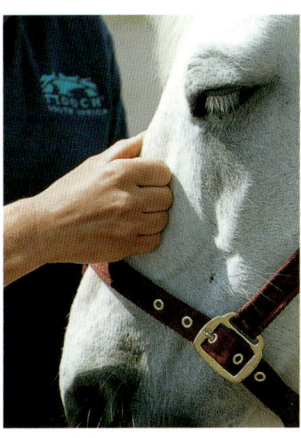

Nehmen Sie den Handrücken, wenn das Pferd sich nicht gern im Gesicht berühren lässt.

Der Schimpansen-TTouch empfiehlt sich bei nervösen und empfindlichen Pferden.

Der Schimpansen-TTouch empfiehlt sich besonders bei nervösen Pferden oder für die Arbeit um die Maulpartie.

▸ Machen Sie eine offene Faust und verschieben Sie die Haut mit der Rückseite der Finger. Halten Sie die Finger zusammen und die Hand weich.

Mein Pferd mag diese Übung nicht

▸ Reduzieren Sie den Druck. Wenn Sie sie an sich selbst ausprobiert haben, staunen die Meisten, wie leicht diese Kreise sind.
▸ Arbeiten Sie entgegen dem Uhrzeigersinn.
▸ Schnippen Sie ganz leicht mit den Fingerspitzen über das Fell, als ob Sie Staub wegschnippen wollten. Lässt es sich dies gefallen, fügen Sie hie und da einen Kreis ein.
▸ Machen Sie die Kreise schneller oder langsamer.
▸ Stecken Sie die Hand in einen Lammfell-Fäustling.

Angel – Teil II

(Fortsetzung von S. 75) Angel war das erste Pferd, mit dem wir in Akrotiri arbeiteten. Hilary brachte sie auf den Platz, und als ich auf sie zuging, kam sie buchstäblich auf mich zugeflogen. Ich wollte die Führleine über den Nasenriemen des Halfters legen, aber es ging nicht – ich konnte sie gerade noch seitlich einhaken, bevor wieder Zähne nach mir schnappten und Vorderfüße nach mir schlugen. Ich bat Hilary, ihre eigene Führleine aus dem mittleren Ring aus- und auf der anderen Seite des Halfters einzuhaken.

Mit Angel zwischen uns konnte Hilary sie unter Kontrolle halten, während ich einen ersten Kontaktversuch unternahm, indem ich sie mit einer langen Trainingsgerte berührte. Da wir ihre Kopfstellung und damit auch den übrigen Körper kontrollieren konnten, lief ich weniger Gefahr, von ihr verletzt zu werden. Anfangs quietschte sie, schlug mit den Vorderfüßen nach mir und hatte entschieden etwas gegen mich einzuwenden, aber TTEAM verfügt über viele praktische Techniken, die ein sicheres Arbeiten gewährleisten. Das Verletzungsrisiko war also klein, und die Stute wurde auch nicht zu mehr Gegenwehr gereizt. Die Reaktionen, mit denen Angel auf ihr Verhalten hin zu rechnen gelernt hatte, blieben aus, und es schien sie zu verwirren, dass ich immer noch ruhig neben ihr stand. Sie machte die Augen zu, so fest, dass sich Falten in der Haut bildeten. So machen es manchmal kleine Kinder, wenn sie von den Eltern gescholten werden oder sich schämen, und aus Angels Haltung und Atmung ging eindeutig hervor, dass sie die Augen nicht etwa deshalb geschlossen hielt, weil sie entspannt gewesen wäre und den Augenblick genossen hätte.

Nachdem ich Angel ein paar Minuten die Vorderbeine mit der Gerte abgestrichen hatte, legte ich ihr die linke Hand auf den Hals, hielt dabei aber die Führleine mit der rechten eisern fest. Ihre Haut war angespannt wie ein Trommelfell. Langsam begann ich, die Haut im Eineinviertel-Kreis des Wolkenleopard-TTouch (S. 94) zu verschieben, und langsam begann sich Angel zu verändern. Es gab viele „verbotene" Bereiche an Angels Körper, die die Quietsch-Schlag-Beiß-Reaktion auslösten, die mir allmählich vertraut wurde. Also arbeitete ich da, wo sie mich arbeiten ließ. Sie akzeptierte nun die Berührung im Genick, an manchen Stellen am Hals und ein wenig an der Schulter, und sie konnte mich inzwischen auch anschauen. Dann gönnten Hilary und ich ihr eine Pause. Die weit verbreitete Meinung, ein Pferd dürfe „damit nicht durchkommen", oder man dürfe nicht aufhören, „bevor das Pferd nicht klein beigegeben" habe, ist falsch, und wenn Sie mit TTEAM arbeiten, sind solche Methoden auch nicht notwendig. Es bringt viel mehr, dem Pferd Zeit zu lassen, die Informationen zu verarbeiten, dem Nervensystem Zeit zu geben, sich der behutsamen Arbeit anzupassen, als ohne Rücksicht auf Verluste immer weiter zu kämpfen.

Als Hilary Angel danach wieder aus der Box holen wollte, dachte sie, Angel würde sich wie üblich nicht greifen lassen wollen, aber diesmal kam Angel geradewegs zu ihr her. Das ist nicht ungewöhnlich. Immer wieder haben Pferde, die angeblich schwer zu fangen waren, schon am Eingang gestanden und auf ihre zweite TTEAM-Sitzung gewartet, sehr zur Überraschung ihrer Besitzer.

Mit jeder Übungseinheit entspannte sich Angel weiter. Wir führten sie durchs Labyrinth (S. 132) und über verschieden angeordnete Bodenstangen und wechselten Boden- mit Körperarbeit ab. Andy kam hinzu, und innerhalb von Sekunden ließ sich Angel von ihm überall am Körper berühren. Auch andere hatten vorher versucht, sie zu streicheln, aber Streicheln verändert sehr wenig. Es ist etwas Magisches um die kreisförmigen Bewegungen, die jede Verspannung unter

Ihren Fingerspitzen dahin schmelzen lassen. Trotzdem ist es, gerade bei der Arbeit mit Pferden wie Angel, sehr wichtig, seine fünf Sinne beieinander zu behalten und genauestens auf die Körpersprache des Pferdes zu achten. Als Andy sich vor Überraschung zu mir umdrehte, veränderte sich ihr Blick vollständig, und sie schlug mit den Hinterbeinen nach ihm aus. Ich sah es kommen, rief ihm zu, aus dem Weg zu gehen, und bog ihren Kopf herum, sodass die Hinterbeine an ihm vorbei flogen. Andy machte danach ruhig weiter mit seiner Körperarbeit. Ich glaube, es war das erste Mal, dass er sie überhaupt berührt hatte. Das Wunderbare an den TTouches ist, dass sie ein Pferd auf Dauer verändern können – und dies oft in sehr kurzer Zeit. Im Verlauf dieses einen Tages begann Angel, ihrem Namen – Engel – alle Ehre zu machen.

Hilary erzählt weiter:

Über den Tag verteilt arbeiteten wir immer wieder 10–20 Minuten lang mit Angel, sowohl mit Körper- als auch mit Bodenarbeit, und am späten Nachmittag konnten Andy und ich sie zusammen herumführen. Sie schien sehr viel ruhiger in sich selbst. Der Unterschied war umwerfend. Wir machten sie sogar mit dem TTEAM-Körperband bekannt und legten ihr eine elastische Bandage um den Hals. Sie ließ es sich anstandslos gefallen, was, angesichts des Theaters um die Führleine am Morgen, ziemlich bemerkenswert war.

Am Ende des Tages war ich absolut überwältigt. Nie im Leben hätte ich geglaubt, dass sich Angel von jemand anderem würde herumführen lassen. Bekam man die Dinge erklärt, erschienen sie klar und einfach – nichts als gesunder Menschenverstand. Ich schwor mir, mit dieser Arbeit weiterzumachen, wenn Sarah wieder weg war. Mein Mann hatte so viel Vertrauen zu Angel gewonnen, dass er in mein Hobby mit einbezogen werden wollte. Am nächsten Tag ließ sich Angel von ihm abwaschen, und sie leckte ihm sogar die Hand.

Ich habe nun drei Wochen mit dieser verblüffenden Technik weiter gearbeitet, und meine kleine Stute geht nun mit dem richtigen Körperband um die Hinterhand. Auch Andy arbeitet mit ihr. Er kann sie allein herumführen und an ihrem Körper arbeiten, ohne dass ich sie festhalten muss. Sie lässt sich nun auch von verhältnismäßig Fremden einfangen, und sie können allein mit ihr arbeiten, während ich nur dabeisitze und zuschaue. Es gibt keinen stolzeren Besitzer als mich, und trotz aller Probleme sehe ich jeden Tag einen Fortschritt, manchmal nur klein, aber für mich immer von Bedeutung. Diese Erfahrung hat mich gelehrt, wie die Ausbildung eines Pferdes eigentlich aussehen sollte. Die Theorie, ein Pferd „in die Unterwürfigkeit zu prügeln", hat mir nie eingeleuchtet. Wir haben kein Recht, ein Tier zu schlagen – dazu stehe ich ein für alle Mal, so frustrierend dies manchmal auch sein kann.

Sarah Fisher zum neuesten Stand:

Angel hatte nie einen Rückfall. Als Hilary Zypern verließ, konnte sie die Stute an einen anderen Stall verkaufen. Sie verbrachte einige Wochen mit Angels neuer Familie und gab den Kindern Unterricht, wie sie Angel reiten sollten.

Mit Pferden wie Angel zu arbeiten ist solch eine lohnende Aufgabe. Es ist leicht, sie bei einem Verhalten ähnlich dem von Angel als dominant, aggressiv, bösartig oder verrückt abzuqualifizieren, aber meistens haben sie einfach nur Angst. Wie viele Schlägertypen unter den Menschen sind wirklich glücklich, selbstbewusst oder tapfer? Eine Situation unter Kontrolle zu haben ist etwas ganz Anderes, als ein Kontrolltyp zu sein.

In Zypern gelten andere Maßstäbe. Es ist nicht so einfach, Sättel auszuwechseln, Bluttests machen oder Zähne regelmäßig nachsehen zu lassen oder einen anderen Profi zu Hilfe zu rufen, ganz zu schweigen von so vielem Anderen, das für mich in England selbstverständlich ist. Und trotzdem ist es mit TTEAM möglich, in nur einem Tag ein Pferd vollständig zu verwandeln, und dies sind einfache, gefahrlose und wirkungsvolle Boden- und Körperarbeit-Übungen, die jeder lernen kann.

Den Kopf senken

Die Kopfhaltung eines Pferdes hat Einfluss auf die Funktionsfähigkeit des ganzen Körpers. Bei hoch erhobenem Kopf ist der Flucht-/Kampfreflex aktiviert. Wenn Sie das Pferd vom Boden aus dazu bringen, den Kopf zu senken, hat dies weit reichende positive Auswirkungen. Die Übung ist sehr wertvoll, weil das Pferd insgesamt ein besseres Körpergefühl entwickelt. Außerdem lernt es, seine instinktiven Reaktionen zu überwinden.

Mit dieser Übung können Sie …

- das Selbstvertrauen des Pferdes stärken
- ungleiche Belastung von Gelenken und Gewebe verhindern
- ein nervöses Pferd beruhigen
- die Verdauung verbessern
- Stress abbauen
- dem Pferd helfen, Probleme beim Verladen, beim Anbinden, beim Putzen und beim Beschlagen zu überwinden

Man kann einem Pferd auf unterschiedliche Weise beibringen, den Kopf zu senken. Wenn man ihm zeigt, wie es die verkrampften Muskeln an Kopf und Hals loslassen kann, lernt es schnell, die gewünschte Kopfhaltung einzunehmen. Dagegen erreicht man mit einem gewaltsamen Herabziehen des Kopfes oder einem antrainierten Stehen mit gesenktem Kopf nur, dass sich die Halsmuskeln am Ansatz und im Genick verspannen.

▸ Fällt dem Pferd das Stillstehen schwer, führt man die Übung vielleicht besser im Stall aus. Stellen Sie sich auf die linke Seite des Pferdes, die Führleine am Halfter befestigt wie in der folgenden Übung (S. 100) beschrieben oder seitlich eingehakt. Streichen Sie nun langsam, aber deutlich erst mit der einen, dann mit der anderen Hand die Leine hinunter. Fangen Sie so dicht am Halfter an wie möglich und wechseln Sie ca. alle 20 cm die Hand. Halten Sie mit einem stetigen leichten Zug nach unten Kontakt. Achten Sie auf Ihre eigene Körperhaltung; bleiben Sie so locker wie möglich. Wenn Sie leicht gebeugt stehen und zu Boden schauen, erzielen Sie eine bessere Wirkung, als wenn Sie aufrecht stehen und dem Pferd in die Augen sehen.

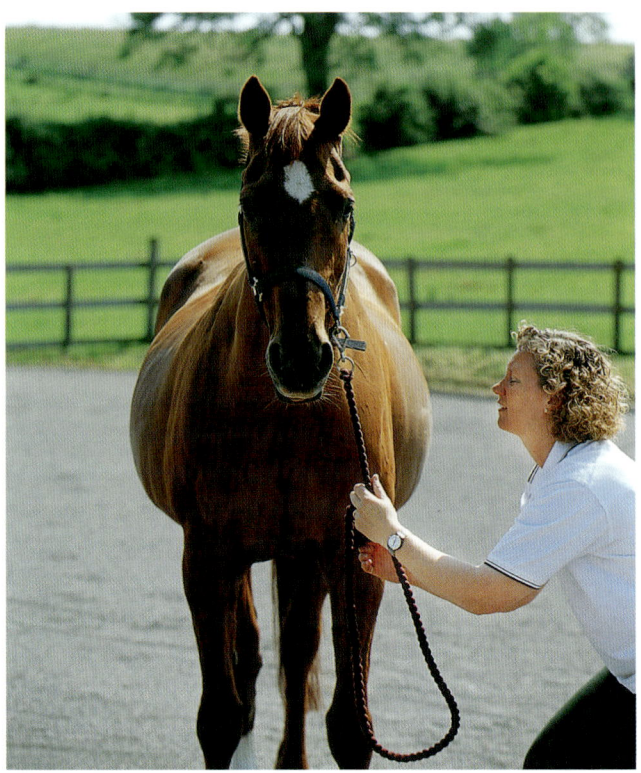

Will das Pferd den Kopf nicht senken, versuchen Sie es damit, …

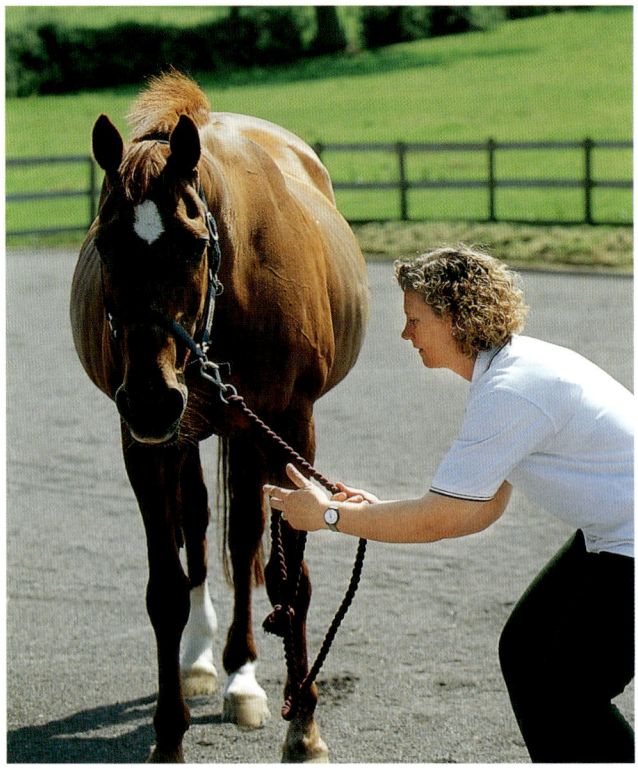

… mit den Händen abwechselnd über die Führleine zu streichen.

▸ Sie können auch versuchen, die Leine nur mit der Linken abzustreichen und die Rechte behutsam aufs Genick des Pferdes zu legen. Machen Sie mit den Fingerspitzen auf der anderen Halsseite kleine Kreise oder drücken Sie den Mähnenkamm zwischen Fingern und Daumen leicht zusammen und lassen wieder los.

Vom Boden aus streichen Sie mit einer Hand über die Leine, …

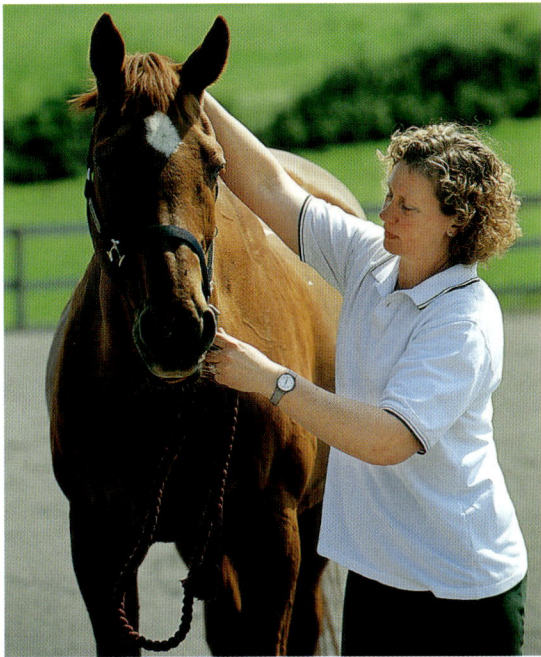

Oder Sie streichen mit einer Hand über die Führleine, während die andere im Genick des Pferdes arbeitet, …

… wenn ein Pferd erstarrt ist oder sich im Hals verkrampft.

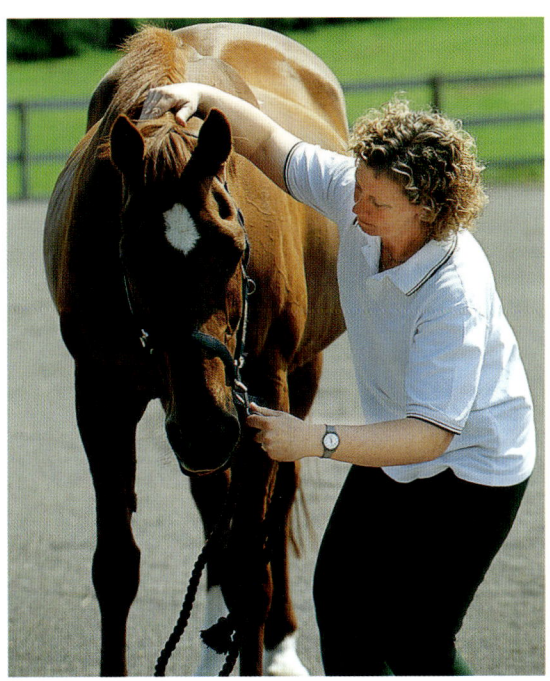

… damit das Pferd den Unterkiefer und die obere Halspartie entspannt.

Mein Pferd mag diese Übung nicht

▸ Sind Sie sicher, dass Sie nicht unbewusst an der Führleine ziehen?

▸ Schieben Sie die Leine durch den Ring seitlich am Halfter, schlagen Sie die Leine einmal um den Ring und führen Sie diese dann am Backenstück nach oben, sodass Sie sie im oberen Ring an der Kinnbacke einhaken können. Das Annehmen und Nachgeben wirkt dann mehr aufs Genick.

▸ Entspannen Sie mit dem Ohren-TTouch (S. 104) und beliebigen Übungen aus der Körper- und Bodenarbeit (S. 112–121), den Hals.

Machen Sie Ihr Pferd locker

Führen mit Gerte und TTEAM-Führleine

Viele Pferde haben gelernt, einzig und allein auf ein Signal am Kopf hin anzutreten oder anzuhalten. Wie sie dabei ihren Körper einsetzen sollten, haben sie in den wenigsten Fällen gelernt. Das hat zur Folge, dass sie ständig auf der Vorhand laufen und auf die Unterstützung des Reiters oder der Führperson warten. Mit dieser Bodenarbeit-Übung lernt das Pferd, nur auf die Bewegung der Gerte hin langsamer zu werden, anzuhalten, anzutreten und die Schritte zu verlängern und zu verkürzen. Dadurch werden Fokus, Gleichgewicht und Anpassungsfähigkeit verbessert.

Ein Pferd so zu führen, . . .

▸ stärkt sein Selbstvertrauen
▸ führt zur Selbsthaltung
▸ verbessert die Übergänge
▸ bringt es dazu, seine Bewegungen, seine Arbeit achtsamer und überlegter auszuführen
▸ verhindert ungleiche Belastung von Gelenken und Gewebe
▸ wirkt beruhigend und ausgleichend

Ein Pferd, das mit der TTEAM-Führleine und der Gerte geführt wird, bewegt sich in Selbsthaltung und kann Hals und Rücken dehnen.

Die Führleine befestigen

▸ Die Führleine wird von außen nach innen, in Richtung Unterkiefer, durch den seitlichen Ring auf der linken Seite des Halfters geführt.

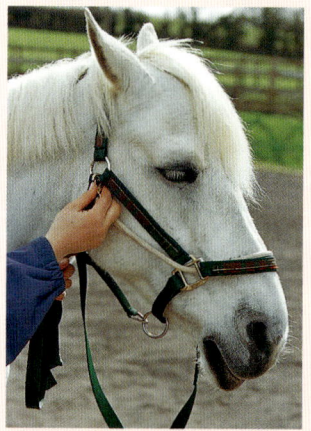

▸ Nun wird die Leine am Backenstück entlang nach oben geführt und im oberen Ring an der Kinnbacke eingehakt.

▸ Lassen Sie den Haken ein Stück durchfallen, nehmen Sie die Leine wieder auf und legen Sie sie über den Nasenriemen. Dann fädeln Sie sie von innen nach außen durch den seitlichen Ring auf der rechten Seite des Halfters.

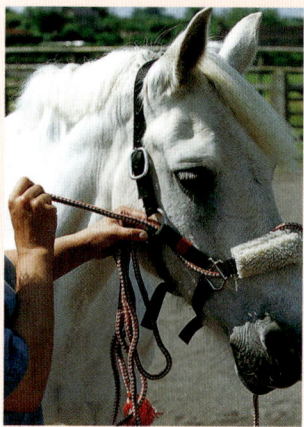

▸ Steht keine TTEAM-Führleine zur Verfügung, nehmen Sie ein Stück dünnes Kletterseil und knoten das Ende am oberen Ring fest.

▶ Die Führleine wird wie auf S. 100 beschrieben am Halfter befestigt. Ein Signal mit der Leine verursacht einen leichten Druck auf das Nasenbein und bringt das Pferd dazu, im Genick nachzugeben.

Die Führleine wird um den Nasenriemen des Halfters geschlungen und kann sich deshalb nicht über der Nase zuziehen.

▶ Legen Sie die Leine in die rechte Hand und nehmen Sie das Ende und die Gerte in die Linke. Die Leine darf sich nie um Ihre Finger wickeln oder zu tief durchhängen. Stellen Sie sich seitlich etwas vor der Pferdenase auf und halten Sie die Gerte waagrecht in Brusthöhe vor das Pferd. Achten Sie auf Anzeichen von Unruhe, wenn Sie nun die Gerte ein wenig zurück nehmen und Brust und

Nehmen Sie das Ende der Führleine und die Gerte in die äußere Hand; die Leine läuft durch die Finger.

Vorderbeine von oben nach unten abstreichen. Heben Sie die Gerte wieder auf Brusthöhe und bewegen Sie sie nach vorne-außen, wobei Sie gleichzeitig die Leine kurz annehmen und nachgeben. Geben Sie ein Stimmkommando und lassen Sie dem Pferd Zeit, seine Gliedmaßen zu sortieren und Ihrem Wunsch nachzukommen.

▶ Der Kontakt mit der Leine soll so leicht wie möglich sein. Wiederholen Sie die Schritte, wenn nötig.

▶ Zum Anhalten bewegen Sie die Gerte nach hinten auf die Pferdebrust zu und sagen „und … Haaalt" oder Ähnliches. Wenn nötig, nehmen Sie die Leine kurz an und geben wieder nach. Bleiben Sie in Bewegung, bis das Pferd anhält. Wenn Sie gleichzeitig mit dem Signal stehen bleiben, geht das Pferd vermutlich ein paar Schritte an Ihnen vorbei, weil es Zeit braucht, das Signal zu hören und zu verstehen. Wenn Sie auf Nasenhöhe mit dem Pferd gehen, haben Sie viel mehr Einfluss auf die Haltung von Hals und Körper, als wenn Sie weiter hinten auf Schulterhöhe gehen. Ein Pferd, das auf Schulterhöhe geführt wird, lernt, den Hals nach links zu biegen und verkrampft die linke Schulter. Daraus wird schnell ein gewohnheitsmäßiges Bewegungsmuster.

Mein Pferd mag diese Übung nicht

▶ Sie müssen selbst ganz sicher sein, was Sie wollen, und klare Signale geben, wenn das Pferd sich bewegen soll.

▶ Achten Sie darauf, keinen Druck mit der Führleine auszuüben.

▶ Vergewissern Sie sich, dass das Pferdemaul in Ordnung ist. Zahnprobleme können dazu führen, dass das Pferd am Nasenbein empfindlich ist.

▶ Drehen Sie die Gerte um und geben Sie die Signale mit dem Knauf (unten). Dadurch wird die Gerte kürzer und weniger bedrohlich.

TTouches um das Auge

Die einfachen kreisförmigen TTouches (S. 94), rund ums Auge angewendet, wirken sehr entspannend. Sie können verkrampfte Kiefer lösen und helfen bei Übererregbarkeit und dauernden Unruhezuständen.

Die Arbeit um das Auge herum kann beruhigend und entspannend wirken.

Mein Pferd mag diese Übung nicht

▶ Weichen Sie auf die anderen Übungen für Kopf und Gesicht aus (S. 94–101).

▶ Verwenden Sie einen Lammfell-Handschuh.

▶ Versuchen Sie es mit den Übungen zur Lockerung von Genick und Ohren (S. 104–111).

▶ Versuchen Sie es mit dem Nachzeichnen der Backenlinie (S. 106).

Wellington – Teil II

(Fortsetzung von S. 36) Da Wellington Schwierigkeiten mit der Körperarbeit hatte, waren Fortschritte nur durch Bodenarbeit zu erwarten. Ziel war, seinen Körper frei zu machen und ein gewisses Maß an Gleichgewicht zu erreichen. Allmählich nahm er den Kopf tiefer, sodass sich Rücken und Hinterhand freier bewegen konnten. Die Arbeit über Bodenstangen, im Labyrinth und das Führen zwischen zwei Personen, um das gewohnheitsmäßige Fallen auf die linke Schulter zu durchbrechen, brachten in verhältnismäßig kurzer Zeit erhebliche Veränderungen in seinem Gleichgewicht. Ihn von beiden Seiten zu führen hatte außerdem den praktischen Vorteil, dass er niemanden verletzen konnte, wenn er mit den Vorderhufen ausschlug.

Mit der Verbesserung seines körperlichen Gleichgewichts lernte Wellington, kurze Einheiten von Körperarbeit zu tolerieren, die wir dann in die Bodenarbeit einfügten. Drücken und Nachgeben an der Schulter und am Mähnenkamm, im Gehen angewendet, verbesserten ebenfalls seine Kopfhaltung. Dadurch, dass wir auf das Pferd hörten und uns mehr auf das konzentrierten, was für ihn machbar war, als auf das, was er nicht konnte, erreichten wir mit unserer Arbeit allmählich eine Änderung in Körperhaltung und Verhalten. Wellington stand nicht mehr andauernd mit hoch erhobenem Kopf, sondern konnte nun in seiner Box mit entspannt gesenktem Kopf ruhen. Die Übergänge fielen ihm leichter, und er schlug nicht mehr so oft unter den Bauch und drückte weniger den Rücken weg. Wir achteten immer auf frühe Warnzeichen, straften ihn nie dafür, dass er seine Empfindungen äußerte, und konnten so ein beiderseitiges Vertrauen aufbauen. Auch das Quietschen und Schlagen nahm im Umgang mit ihm deutlich ab.

Innerhalb weniger Wochen wurde Wellingtons Hals weicher. Er ließ sich in der Box unangebunden putzen, man konnte die Box ausmisten, ohne ihn anbinden oder herausnehmen zu müssen, und er fraß sein Futter oder Heu, ohne auf jeden, der in der Nähe stand, loszugehen. Er bekam probiotisches Futter zur besseren Verdauung, und seine Zähne wurden auf Zahnhaken und Ähnliches hin untersucht. Dadurch wurde das Fressen für ihn angenehmer, und er wurde weniger empfindlich gegen Gerüche, sodass wir ihm Zusätze zur Unterstützung der Gelenke füttern konnten.

Er brauchte in einem Monat vier verschiedene Sattelgrößen, und die Muskulatur an der Hinterhand begann sich zu entwickeln. Sein Hals wurde runder und sein Blick weicher, die Augen wurden runder und glänzender. Zur Beurteilung seines Gesamtzustands und zur Untersuchung auf Hodenhochstand (Klopphengst) brauchten wir Blutproben, und er wackelte kaum mit dem Ohr, als die Nadel eingestochen wurde. Der Test auf Hodenhochstand war negativ, und es ergaben sich keine gesundheitlichen Aspekte, die sein Verhalten beeinflusst hätten. Nach vier Monaten startete er in einer Dressurprüfung. Wenn er irgendwann Anzeichen von Unruhe gezeigt hätte, hätten wir ihn sofort zurückgezogen, aber er schien seinen Ausflug nicht nur ehrlich zu genießen, er gewann

Wellington hat sich erheblich verbessert und hat kaum noch Ähnlichkeit mit dem berühmt-berüchtigten Pferd, das zu uns auf die Tilley Farm kam.

sogar eine seiner Prüfungen. Der Schlusskommentar des Richters sprach für sich selbst: „Was für eine ruhige, gehorsame Vorstellung."

Bei all den Veränderungen, die Wellington durchlief, war der einzige Nachteil das Anpassen des Sattels, das sich zu einem wahren Albtraum auswuchs. Nach endloser und frustrierender Sucherei landeten wir bei einem Reflex-Dressursattel (Fa. Frank Baines Saddlery, siehe S. 151), und dieses Wunderwerk ermöglichte Wellington Konstanz bei aller Veränderung.

Ohren und Genick

Bei den meisten Pferden mit ungewöhnlichem, schreckhaftem oder launischem Verhalten ist der Bereich um Ohren und Genick verkrampft. Der Bereich ist verletzungsanfällig: durch eine Ohrenbremse, Ohrinfektionen, durch ungeschicktes Auftrensen, beim Losreißen, beim Passieren niedriger Türen oder beim Verladen usw. Ist das Pferd locker am Ohransatz und im Genick, wird es ruhiger, unkomplizierter im Umgang und beständiger in seiner Leistung. Auch Übungen unter dem Reiter (S. 119-121) können dazu beitragen, das Genick zu lockern.

Führleinen und Druck im Genick

Die meisten der folgenden TTEAM- und Connected-Riding-Übungen zielen darauf ab, Verspannungen im Genick zu lösen, um damit die Pferde geschmeidiger zu machen und dafür zu sorgen, dass sie die korrekte Haltung entwickeln. Die Führleine seitlich am Halfter zu befestigen, kann den Druck auf den empfindlichen Genickbereich erheblich vermindern. Selbst wenn Sie das Pferd nur zum Grasen führen wollen, verleiht Ihnen die seitlich eingehakte Führleine mehr Kontrolle über das Pferd, als wenn sie im mittleren Ring unter dem Kinn eingehängt wird. Außerdem laufen Sie weniger Gefahr, dass das Pferd als Reaktion auf den nach unten wirkenden Druck im Genick den Kopf hochreißt oder gar steigt.

Wenn die Führleine seitlich am Halfter eingehängt wird, verringert sich der Druck auf den empfindlichen Genickbereich, und Sie können die Kopfhaltung besser kontrollieren.

Ohren-TTouches

Ohren-TTouches sind ein wirklich nützliches Hilfsmittel, das jeder Pferdebesitzer beherrschen sollte. Sie können dazu beitragen, Verspannungen um den Ohransatz, an der Stirn, im Genick und im oberen Halsbereich zu lösen. Manchmal sind sie buchstäblich lebensrettend. Sie vermindern Stress, aktivieren das parasympathische Nervensystem, senken die Puls- und Atemfrequenz, fördern eine tiefe, rhythmische Atmung, die das Immunsystem stärkt und können stabilisierend wirken, wenn ein Pferd erschöpft ist oder sich in einem Schockzustand befindet. Die Arbeit um die Ohren ist außerdem ein wirkungsvolles Mittel, um den Pferdekopf zu senken und das Genick locker zu machen. Pferde mit gewohnheitsmäßig hoher Kopfhaltung können von dieser Arbeit wirklich profitieren, obwohl sie ihr vielleicht anfangs mit Misstrauen begegnen.

Ohren-TTouches helfen ...
- bei handscheuen Pferden
- bei Problemen mit dem Aufhalftern und Auftrensen
- bei Auswirkungen von Erkältungen
- bei Steifheit
- bei Schreckhaftigkeit

▸ Bei Pferden, die die Ohrenarbeit mögen, stellen Sie sich leicht seitlich vor den Pferdekopf, damit Sie nicht getroffen werden, wenn das Pferd sich erschreckt und den Kopf hochreißt. Arbeiten Sie jeweils an einem Ohr und stabilisieren Sie den Pferdekopf mit einem leichten Kontakt am Nasenriemen. Legen Sie Ihre Finger nur leicht auf den Riemen. So können Sie schnell loslassen, wenn das Pferd sich bewegen will. Am linken Ohr führen Sie die Ohren-TTouches mit der rechten Hand aus und legen die linke auf den Nasenriemen, am rechten Ohr umgekehrt.

▸ Nehmen Sie das Ohr behutsam, aber fest in die Hand und streichen Sie es vom Ansatz bis zur Spitze aus. Verändern Sie jedes Mal ein wenig die Streichrichtung, damit Sie das ganze Ohr abdecken können. Arbeiten Sie vorsichtig, aber zielbewusst. Allzu zögerliches Vorgehen könnte das Pferd nervös machen.

Stellen Sie sich vor das Pferd und streichen Sie das Ohr vom Ansatz …

… zur Spitze hin aus.

Schock-Punkt

Der Schockpunkt befindet sich an der Ohrspitze. Kleine Kreise an der Ohrspitze, ausgeführt mit den Fingern und dem Daumen, können hilfreich sein, wenn ein Pferd ein traumatisches Erlebnis hinter sich hat, die Ohrenspitzen kalt sind und/oder wenn es ständig unter Nervosität leidet.

▸ Wie schnell Sie arbeiten, hängt von den Reaktionen des Pferdes und der Situation ab. Um ein nervöses Pferd zu entspannen, arbeiten Sie ziemlich langsam. Ist das Pferd unsicher, fangen Sie mit relativ schnellen Bewegungen an und werden langsamer, wenn das Pferd sich beruhigt. Bei einem erschöpften Pferd oder um eine Sedierung zu beenden, arbeiten Sie schneller.

Mein Pferd mag diese Übung nicht

▸ Stellen Sie sich seitlich zum Pferd, was oft als weniger bedrohlich empfunden wird. Arbeiten Sie am Ohr auf dieser Seite und wechseln Sie die Seite.

▸ Ist das Pferd immer noch ängstlich, streichen Sie das Ohr behutsam, aber fest mit dem Handrücken nach hinten gegen den Hals (rechts). Für manche Pferde ist es leichter, wenn das Ohr gegen den eigenen Körper gedrückt wird.

▸ Versuchen Sie es mit einem Handschuh oder einem Lammfell.

▸ Umfassen Sie das Ohr am Ansatz und führen Sie es ganz sacht zur Seite. Nach einer kurzen Pause führen Sie es langsam zurück.

▸ Versuchen Sie es mit den anderen Übungen in diesem Abschnitt sowie denen für Hals (S. 112–121) und Maul (S. 90–93).

Stecken Sie die Hand in einen Lammfell-Putzhandschuh.

Legen Sie die Hand um das Ohr und streichen Sie es sanft nach außen aus.

Backenlinie nachzeichnen

Diese einfache und wirkungsvolle Connected-Riding-Übung lockert das Genick, verbessert die Beweglichkeit insgesamt und ermöglicht eine störungsfreie seitliche Biegung des Halses. Bei vielen Pferden ist das Genick verkrampft, mit negativen Auswirkungen auf Kiefergelenk, Hals, Rücken und Hinterhand.

Diese Übung hilft dem Pferd …

- im Hals locker und länger zu werden
- vermehrt unterzutreten
- sich freier aus der Schulter heraus zu bewegen
- das Kiefergelenk loszulassen, wodurch es beim Führen wie unter dem Reiter ruhiger im Maul wird.

▸ Stellen Sie sich links neben das Pferd, mit Blickrichtung zum Pferdekopf. Die linke Hand legen Sie über den Nasenriemen des Halfters oder halten damit die Führleine dicht am seitlichen Ring fest. Diese zweite Option empfiehlt sich bei Pferden, die gern schnappen oder beißen, weil Sie damit den Kopf von sich weg halten können. Zeige-, Mittel- und Ringfinger der rechten Hand legen Sie in die Rinne hinter den Ganaschen, gleich unter dem Ohr, und zeichnen langsam die Rundung der Ganaschen nach. Einige Male wiederholen. Achten Sie auf Bereiche, die fest oder blockiert sind. Wechseln Sie die Seite.

Mein Pferd mag diese Übung nicht

Pferde, denen es schwer fällt, sich an der Kehle zu öffnen, finden diese Übung vielleicht anfangs ungemütlich. Versuchen Sie Folgendes:
- Mit den Fingerspitzen die Rinne entlang spazieren
- Ohren-TTouches (S. 104)
- Wolkenleopard-TTouches (S. 94) und Waschbär-TTouches (S. 95) um den ganzen Bereich
- Pause fürs Kinn (S. 110)
- Übungen zur Lockerung des Halses (S. 112–121).

Beginnen Sie mit dem Nachzeichnen der Backenlinie gleich unter dem Ohr …

… und lassen Sie die Finger langsam um die Rundung herum in der Rinne nach unten gleiten.

Druck auf die Pferdebacke

Eine weitere Connected-Riding-Übung, mit der Sie Genick und obere Halspartie lockern können, was Ihnen hilft, die Kopffreiheit und -beweglichkeit des Pferdes zu beurteilen.

> **Diese Übung trägt bei ...**
> ▸ zu mehr Denkfähigkeit und Körperbewusstsein
> ▸ zur Verlängerung der Tritte und flüssigeren Bewegungen
> ▸ zu gleichmäßigerem Zügelkontakt
> ▸ zur Entwicklung von Gleichgewicht und Koordination
> ▸ zur Aktivierung der Hinterhand, d. h. zum Untertreten und zur Entwicklung von mehr Schwung

▸ Stellen Sie sich links neben das Pferd, mit Blickrichtung zum Pferdekopf. Die linke Hand legen Sie über dem Nasenriemen auf das Nasenbein. Die rechte Hand legen Sie, zu einer lockeren Faust geballt, mitten auf die Pferdebacke. Halten Sie das Handgelenk gerade, so fällt Ihnen eine gleichmäßige Verbindung leichter. Überprüfen Sie Ihre Haltung: Hüften und Knie sollten leicht gebeugt sein.

Eine Hand liegt auf dem Nasenbein, die andere, zur lockeren Faust geballt, in der Mitte der Kinnbacke.

▸ Lassen Sie die Hand ein paar Sekunden ruhig auf der Kinnbacke liegen, damit das Pferd sich daran gewöhnt. Hat es nichts gegen die Berührung am Kopf einzuwenden, fahren Sie mit der Übung fort. Mit der linken Hand laden Sie den Pferdekopf leicht zum Abwenden in Ihre Richtung ein, während die rechte Hand die Kinnbacke ebenso leicht in die entgegengesetzte Richtung drückt. Die Bewegungen sind ganz klein.

Halten Sie den Kopf einen Augenblick in dieser Position und achten Sie darauf, ob das Pferd weicher wird und im Genick nachgibt. Lassen Sie ganz, ganz langsam den Druck nach und die Pferdenase wieder los. Wiederholen Sie die Übung einige Male und verstärken Sie jedes Mal den Druck, bevor Sie die Seite wechseln.

Achten Sie auf Anzeichen, dass das Pferd nachgibt und sich loslässt.

▸ Erzwingen Sie die Bewegung in keiner Weise. Es handelt sich eher um eine Art Vorschlag, als um das aktive Herbeiführen der Bewegung. Mit einer langsamen Drehbewegung Ihrer Hüften zuerst nach links und dann nach einer Pause langsam wieder zurück nach rechts erreichen Sie, dass das Pferd sich im Genick besser loslässt, und wirken einer Verkrampfung der eigenen Schultern und Arme entgegen.

▸ Wenn das Pferd sich loslässt, sollten Sie spüren, wie es unter Ihren Händen weicher wird. Vielleicht schließt es die Augen, beginnt tiefer zu atmen oder seufzt. Es kann auch zu Nasenausfluss kommen. Manchmal schütteln die Pferde nach dieser Übung mit dem Kopf.

> **Mein Pferd mag diese Übung nicht**
> Wenn Ihr Pferd bei dieser Übung unruhig wird, versuchen Sie es mit:
> ▸ TTouches am Kopf und im Gesicht (S. 94, 95 und 102)
> ▸ Schopf ausstreichen und drehen (S. 108)
> ▸ Ohren-TTouches (S. 104)
> ▸ Raupen-TTouch (S. 113) vom Halsansatz nach oben, um den Hals zu lockern
> ▸ Weiteren Übungen zur Lockerung von Verkrampfungen im Hals, z. B. Hals schaukeln (S. 112) und Mähne ausstreichen (S. 114)
> ▸ einer Zahnuntersuchung

Haargleiten und Kreise am Schopf

Spannungen um Ohren und Genick lösen sich, wenn man den Pferdeschopf im Kreis dreht oder Strähne für Strähne ausstreicht. Auch Stirn und Kiefergelenk werden locker, außerdem ist es eine gute Vorbereitung auf das Schopfziehen (S. 115), mit dem man das Pferd dazu bringen kann, Hals und Rücken länger zu machen. Es ist eine Übung, die sich die meisten Pferde gern gefallen lassen und die viele Reiter und Besitzer instinktiv ausführen. Sie lässt sich auch mit dem Auftrensen verbinden.

Diese Übung hilft …

▸ bei Problemen mit dem Auftrensen und Aufhalftern
▸ beim Aufbau eines Vertrauensverhältnisses
▸ dem Pferd, den Kopf senken zu lernen
▸ zur Verbesserung des Gleichgewichts

Die Finger liegen leicht auf dem Nasenriemen. Nicht festhalten!

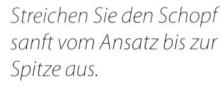

Streichen Sie den Schopf sanft vom Ansatz bis zur Spitze aus.

▸ Stellen Sie sich seitlich vor das Pferd, eine Hand auf dem Nasenriemen von Halfter oder Trense. Lassen Sie die Finger offen, sodass Ihre Hand leicht abgleiten kann, sollte das Pferd mit dem Kopf schlagen. Mit der anderen Hand teilen Sie vorsichtig ein Büschel Stirnhaare ab und streichen es behutsam vom Ansatz bis zur Spitze aus. Ziel ist, dass das Pferd sich entspannt und sich Verkrampfungen zwischen den Ohren, an der Stirn und um Schopf und Genick lösen; arbeiten Sie deshalb betont langsam und ruhig. Streichen Sie nach und nach den ganzen Schopf auf diese Weise aus und achten Sie darauf, ob sich die Haut um den Schopf herum bewegt. Je verspannter das Pferd in diesem Bereich ist, desto geringer fällt diese Bewegung anfangs aus. Sie sollte aber deutlicher werden, wenn das Pferd anfängt, sich zu entspannen.

▸ Lässt das Pferd sich das Ausstreichen gern gefallen, ergreifen Sie den Schopf am Ansatz und drehen ihn langsam und behutsam im Kreis, im Uhrzeigersinn und in der Gegenrichtung. Achten Sie darauf, ob das Pferd eine Richtung lieber mag und ob Augen oder Ohren Unruhe verraten.

Mein Pferd mag diese Übung nicht

▸ Unterteilen Sie die Übung in einfachere Schritte und achten Sie darauf, wann Ihr Pferd unruhig wird.
▸ Stellen Sie sich seitlich neben das Pferd.
▸ Legen Sie den Handrücken über dem Schopf auf die Pferdestirn und beschreiben Sie behutsame Eineinviertel-Kreise damit (rechts).
▸ Versuchen Sie es anfangs mit Kreisen gegen den Uhrzeigersinn.
▸ Ist das Pferd immer noch ängstlich, stecken Sie die Hand in einen Lammfell-Putzhandschuh und versuchen es damit.
▸ Versuchen Sie die Übungen für Maul (S. 90–93) und Hals (S. 112–121) und arbeiten Sie sich langsam zum Genick vor.
▸ Versuchen Sie es mit Ohren-TTouches (S. 104).

Den Bogen laufen

Mit dieser einfachen Übung lassen sich Ungleichheiten in der Zügelanlehnung beheben. Verspannungen im Genick, Kiefergelenk und Hals werden abgebaut und das Pferd wird geradegerichtet.

> **Diese Übung hilft dem Pferd …**
> ▸ Berührungen im Genick zu dulden
> ▸ gleichmäßig an beide Zügel heranzutreten
> ▸ ein besseres Körperbewusstsein zu entwickeln
> ▸ die Hinterhand vermehrt einzusetzen
> ▸ sich im Hals zu biegen, ohne auf die Schulter zu fallen

▸ Für diese Übung muss der Nasenriemen relativ stramm sitzen. Stellen Sie sich vor das Pferd, Daumen und Zeigefinger etwa in der Mitte des Nasenriemens eingehakt. Sie können den Nasenriemen auch mit beiden Händen leicht stützen. Der Hals muss so gerade wie möglich sein. Stellen Sie sich einen Bogen vor, der jeweils auf Schulterhöhe des Pferdes endet. Sie selbst stehen in der Mitte der gebogenen Linie.

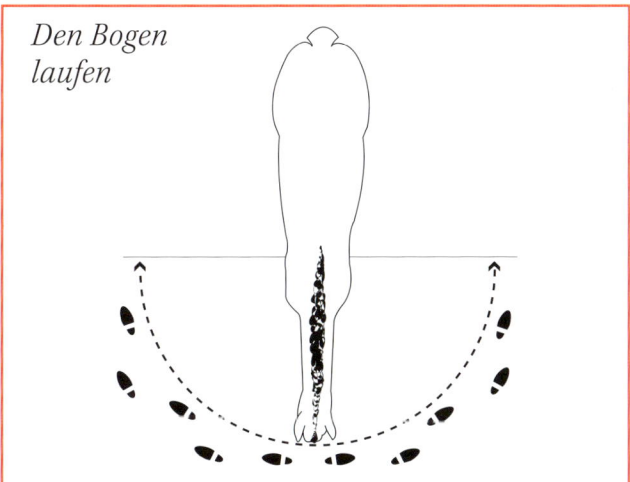

Den Bogen laufen

▸ Machen Sie kleine Schritte nach links. Nach jedem Schritt halten Sie kurz an, damit das Pferd sich entspannen kann. Ihre Füße folgen dem gedachten Bogen. Dann gehen Sie in kleinen Schritten und mit Pausen auf dem Bogen nach rechts, bis Sie wieder am Ausgangspunkt angekommen sind. Das Gleiche machen Sie nun nach rechts.

Achten Sie bei dieser Übung darauf, ob dem Pferd die Bewegung in eine Richtung leichter fällt. Die Schimmelstute biegt sich nur im Genick, nicht im Hals, und nach links wehrt sie sich.

▸ Bleiben Sie locker in den Knien und Hüften und im Rücken und halten Sie die Arme leicht. Wenn Sie sich auf dem Nasenriemen abstützen, muss das Pferd zum Ausgleich für Ihr mangelndes Gleichgewicht den Hals anspannen.

▸ Mit der Zeit sollte die Bewegung fließend werden, auch wenn Sie anfangs vielleicht das Gefühl haben, dass das Pferd „stecken bleibt" oder die Bewegung holprig ausfällt. Achten Sie darauf, ob dem Pferd eine Richtung leichter fällt als die andere. Das lässt darauf schließen, wie es sich unter dem Reiter bewegt.

▸ Vielleicht gelingen Ihnen anfangs in beiden Richtungen nur wenige Schritte, aber je mehr sich das Pferd im Genick und im Hals loslässt, desto weiter können Sie den gedachten Bogen ausgehen und das Pferd mitnehmen.

Mein Pferd mag diese Übung nicht

▸ Überprüfen Sie Ihre Haltung. Bleiben Sie entspannt, mit lockerer Hand.
▸ Machen Sie wirklich winzige Schritte nach rechts und links, sodass auch vom Pferd nur winzige Bewegungen gefordert werden.
▸ Machen Sie längere Pausen, damit das Pferd Zeit hat, die Information zu verarbeiten und den Hals loszulassen.
▸ Nutzen Sie die Hals-Übungen (S. 112–121), um den Hals vom Ansatz bis ins Genick zu lockern.
▸ Versuchen Sie, den Fokus des Pferdes mit Maul-TTouches (S. 90) zu verbessern.
▸ Entspannen Sie Genick und Hals in der Bewegung (S. 118).
▸ Versuchen Sie es mit Mähne drehen und ausstreichen (S. 108).

Pause fürs Kinn

Diese Übung hilft dem Pferd, sich im Kehlgang und im Genick zu öffnen. Sie kann im Stehen oder mit dem Pferd an der Hand im Gehen ausgeführt werden.

Diese Übung hilft …

▸ Pferden, die sich aufs Gebiss legen
▸ Pferden, die sich im Genick verwerfen
▸ Pferden, nach vorn ans Gebiss heranzutreten
▸ die Schulter frei zu machen

▸ Sie halten die Führleine in der äußeren Hand und stützen mit der anderen das Pferdekinn in der Kinngrube ab. Das Pferd soll sich in Ihre Hand hinein entspannen. Bleiben Sie selbst entspannt. Bewegen Sie sich aus den Füßen heraus, dann fällt es dem Pferd leichter, sich loszulassen und die Bewegung mitzumachen. Wenn Sie versuchen, es nur mit der Hand zu steuern, verleiten Sie es dazu, sich in Hals und Genick noch fester zu machen.

Halten Sie die Führleine in der äußeren Hand und stützen Sie mit der anderen die Kinngrube ab.

Das Pferd soll sich in Ihre Hand entspannen. Die Ohrenstellung verrät, dass es diesem Pferd schwer fällt, den Kopf zu senken.

Mein Pferd mag diese Übung nicht

▸ Achten Sie darauf, die äußere Hand nicht unbemerkt zu hoch zu nehmen.
▸ Legen Sie die Hand weicher in die Kinngrube und zeigen Sie dem Pferd die Übung im Stehen.
▸ Arbeiten Sie sich durch alle Übungen zum Lösen von Spannungen im Gesicht und Hals (S. 94–121).

Zickzack-Stangen

Diese Bodenarbeitübung kann mit einem Minimum von sechs Stangen durchgeführt werden. Sie schult das Körperbewusstsein und hilft dem Pferd, im Genick und dadurch im ganzen Körper loszulassen. Besonders geeignet ist sie für richtig steife Pferde, denn sie stellt nur geringe Anforderungen. Die Winkel lassen sich den individuellen Erfordernissen anpassen, und das Zickzack lässt sich verlängern, indem man weitere Stangen anfügt.

▸ Legen Sie die Stangen aus, wie in den Abbildungen gezeigt. Die Führleine wird befestigt, wie auf S. 100 beschrieben, oder seitlich am Halfter eingehakt. Mit der rechten Hand halten Sie die Leine dicht am Halfter. Bei Pferden, die daran gewöhnt sind, von links geführt zu werden, beginnt man am besten aus dieser Position. Bleiben Sie auf Nasenhöhe mit dem Pferd, wenn Sie es um die Wendungen führen.

▸ Gehen Sie langsam los. Hüften und Knie bleiben locker, die Bewegung kommt aus den Füßen und setzt sich die Leine hinauf fort. Wenn Sie sich in den Schultern verspannen und versuchen, das Pferd durch die Wendungen zu ziehen oder zu schieben, geht das Gleichgewicht verloren.

▸ Achten Sie im Verlauf der Übung darauf, ob das Pferd sich im Genick verwirft, in der Wendung stecken bleibt bzw. schneller wird. Wichtig ist auch, wie schwer oder leicht es sich in der Hand anfühlt.

Mit der Gerte geben Sie ein Vorwärtszeichen und bleiben auf Nasenhöhe, damit sich das Pferd in Selbsthaltung durch die Übung bewegt.

▸ Hat das Pferd die Stangen einmal mit Erfolg passiert, wiederholen Sie die Übung, halten es diesmal aber vor jeder Wendung an. Führen Sie es von beiden Enden durch die Zickzack-Stangen und wechseln Sie die Seite, von der Sie führen. Merken Sie einen Unterschied? Experimentieren Sie mit dem Tempo und schauen Sie, ob Sie das Pferd in kleinen Schrittchen durch die Stangen „kriechen" lassen können oder ob es seine Schritte je nach Ihrer eigenen Schrittlänge verlängern oder verkürzen kann.

▸ Wenn das Pferd eilig wird oder in Panik gerät, hat es Angst oder ist sich nicht sicher, was von ihm verlangt wird. Führen Sie es aus den Stangen heraus und beginnen Sie in aller Ruhe von vorne. Ihr Ziel ist es, das Pferd langsam durch die Übung zu führen und allmählich die Winkel zu verkleinern, sodass jede Wendung immer mehr Biegsamkeit erfordert. Das Pferd soll leicht in der Hand sein, gleichmäßig in beide Richtungen wenden können und in jeder Biegung Hals und Genick loslassen.

Das Pferd soll zwischen den Stangen anhalten.

Mein Pferd mag diese Übung nicht

▸ Führen Sie das Pferd anfangs an einer einzigen Bodenstange entlang. Bauen Sie allmählich die Übung auf, bis Ihr Pferd zufrieden neben einer Reihe von drei oder vier Stangen hergeht oder anhält. Nun legen Sie, eine Stange nach der anderen, die Parallellinie, anfangs in gehörigem Abstand, und wenn das Pferd ruhig in dem breiten Zickzack arbeitet, verringern Sie allmählich den Abstand.

Der Hals

Ein fester oder falsch bemuskelter Hals verursacht Stress, Fehlverhalten und ungenügende Leistung. Mit festem Hals kann das Pferd nicht im Gleichgewicht arbeiten, nicht im Rücken schwingen und die Oberlinie nicht loslassen und verlängern. Ein paar Minuten Arbeit am Hals pro Tag, macht das Pferd einfacher im Umgang und im Training, verbessern seine Konzentrationsfähigkeit und die Verbindung zu allen anderen Körperteilen – Sie haben ein glücklicheres Pferd. Wenn das Pferd beginnt, die obere Halspartie loszulassen, kann es zu Ausfluss aus einer Nüster oder beiden kommen.

Einen freien und gut entwickelten Hals erhalten Sie, wenn Sie …

▸ das Pferd immer sorgfältig lösen und aufwärmen
▸ im Verlauf der Reitstunde immer wieder Dehnungspausen einlegen
▸ nicht zu lange am Stück in Versammlung reiten
▸ den Pferdekopf nicht um der Illusion einer korrekten Haltung willen mit Hilfszügeln herunterschnüren
▸ den Nasenriemen nicht zu eng verschnallen
▸ den Schwierigkeitsgrad der Übungen und der Arbeit unter dem Reiter nur allmählich steigern
▸ dem Pferd beibringen, in echter Selbsthaltung zu gehen
▸ auf regelmäßige Zahn- und Hufpflege achten und jede Abweichung vom Normalen sofort korrigieren lassen
▸ die Mähne nicht zu straff und nur am eigentlichen Turniertag einflechten
▸ darauf achten, dass der Sattel einwandfrei passt und weder auf den Widerrist noch im Rücken drückt, was dazu führen würde, dass das Pferd den Hals hebt
▸ Heu vom Boden aus füttern
▸ dem Pferd nach dem Reiten ausreichend Zeit zum Abschnaufen und Abkühlen lassen.

Hals schaukeln

Eine wirklich einfache TTEAM-Übung, die die meisten Pferde zumindest an manchen Stellen anstandslos akzeptieren. Sie lockert feste Bänder und Muskeln, trägt zur Entspannung einer verkrampften Bauchlinie bei, verbindet Ober- und Unterlinie und ist ein Schritt auf dem Weg zu echtem Gleichgewicht und Geraderichtung.

Diese Übung trägt dazu bei, …

▸ das Pferd an Berührungen am Hals zu gewöhnen
▸ dass das Pferd allmählich lernt, Kopf und Hals fallen zu lassen
▸ Widerrist, Schulter, Rücken, Genick und Kiefer zu entspannen

Dave ist jung und hat noch keine Oberlinie. Wenn er den Hals hoch nimmt, ist die Vorwärtsbewegung behindert und er scheut.

▸ Für diese Übung ist es gleich, auf welcher Seite Sie stehen. Fangen Sie mit der Übung an irgendeiner Stelle am Mähnenkamm an. Wenn Sie sich vom Halsansatz bis zum Genick nach oben oder vom Genick zum Halsansatz nach unten arbeiten können, umso besser. Manche Pferde sind so verspannt im Hals, dass sie eine Berührung nur an bestimmten Stellen tolerieren, aber wenn Sie den

Hals einige Male an einer akzeptablen Stelle geschaukelt haben, entspannt er sich meist genügend und kann in ganzer Länge bearbeitet werden.

Legen Sie die Hände oben und unten an den Hals und rütteln Sie ihn leicht hin und her, um Verspannungen zu lösen.

▸ Sie stehen im Gleichgewicht, die Füße schulterbreit auseinander und Hüften und Knie leicht gebeugt. Legen Sie die linke Hand, Handfläche nach unten, auf den Mähnenkamm und die rechte auf die Halsunterseite. Ihre Hände liegen auf einer Linie. Umfassen Sie behutsam, aber fest den Mähnenkamm und den Kehlgang mit den Fingern.

▸ Bewegen Sie mit der linken Hand den Mähnenkamm zu sich hin, während Sie die untere Halsseite mit der rechten von sich weg schieben. Dann schieben Sie den Mähnenkamm von sich weg und bringen die Halsunterseite in Ihre Richtung. Machen Sie schnelle Bewegungen, sodass Sie den Hals wirklich rütteln oder schaukeln.

Mein Pferd mag diese Übung nicht

Unterteilen Sie die Übung in einzelne Schritte:
▸ Schaukeln Sie sacht den Widerrist hin und her (S. 124).
▸ Legen Sie nur eine Hand auf den Mähnenkamm.
▸ Mit ganz leichtem Kontakt und sehr kleinen Bewegungen schaukeln Sie den Mähnenkamm behutsam hin und her.
▸ Legen Sie die andere Hand auf die Halsunterseite, umfassen Sie langsam und vorsichtig den Hals mit beiden Händen, halten ihn einen Augenblick fest und lassen wieder los.
▸ Schaukeln Sie den Hals nur einmal und ganz leicht in eine Richtung, bevor Sie zu einer anderen Stelle wechseln.
▸ Versuchen Sie die anderen Übungen zur Lockerung des Halses.

Die Raupe

Die Raupe ist eine Connected-Riding-Übung, die im Stehen wie in der Bewegung ausgeführt werden kann. Damit lässt sich das Gewebe um die Halswirbel lockern, es fällt dem Pferd leichter, den Hals lang zu machen und sich in echter Selbsthaltung zu tragen.

Mit dieser Übung …

▸ lernt das Pferd, nachzugeben und sich berühren zu lassen
▸ entsteht eine seitliche Bewegung im Körper
▸ kann man der Tendenz des Pferdes, sich im Hals fest zu machen und über die Schulter auszufallen, entgegenwirken
▸ lernt das Pferd, sich vom Genick über den ganzen Körper bis zur Hinterhand loszulassen

▸ Von der linken Seite aus halten Sie den Pferdekopf ruhig, indem Sie die Finger der linken Hand im Nasenriemen einhaken oder die Führleine auf Halfterhöhe halten. Die rechte Hand legen Sie oberhalb der Bugspitze auf den Halsansatz. Der Daumen sollte an oder in der Drosselrinne liegen, die Finger am Kamm der Halswirbel.

▸ Zu Anfang lassen Sie die Hand die Linie der Wirbel entlang hoch zum Ohr gleiten, wobei der Druck vom Handballen kommt. Beim nächsten Mal lassen Sie die Hand Zentimeter für Zentimeter die Wirbel entlangkriechen. Zum Schluss öffnen und schließen Sie auf dem Weg nach oben auch noch Daumen und Finger.

Mit der Führleine in der linken Hand arbeiten Sie sich mit der rechten vom Halsansatz bis zum Genick die Linie der Halswirbel entlang.

Experimentieren Sie mit dem Druck, er wird von Pferd zu Pferd verschieden sein. Wiederholen Sie die Übung vier oder fünf Mal und lassen Sie dem Pferd Zeit, die Information zu verarbeiten, bevor Sie die Seite wechseln.

Die Arbeit am Hals hilft Dave, unter dem Reiter locker zu werden.

Mein Pferd mag diese Übung nicht

▸ Versuchen Sie die Übung im Gehen.
▸ Arbeiten Sie für den Anfang nur dort, wo das Pferd die Berührung duldet.
▸ Verändern Sie die Druckstärke.
▸ Achten Sie darauf, nicht aus Versehen am Pferdekopf zu ziehen.
▸ Versuchen Sie die anderen Entspannungsübungen um die Ohren und das Genick (S. 104–111).

Haargleiten auf der Mähne

Eine weitere schnelle und einfache TTEAM-Übung, um einen festen Mähnenkamm, ein verspanntes Nackenband zu entspannen und zu lockern.

▸ Auf welcher Seite des Pferdes Sie stehen, ist gleich. Die Führleine halten Sie in einer Hand. Mit der anderen ergreifen Sie ein kleines Mähnenbüschel mit Daumen und Fingern nahe am Ansatz und drehen es in beide Richtungen im Kreis. Bei einer kurzen Mähne lassen Sie das Büschel langsam in gerader Linie nach oben durch die Finger gleiten, bei einer langen Mähne streichen Sie die Strähne erst ein wenig nach oben aus und folgen dann dem Fall der Haare nach unten zum Hals.

Mit dieser Übung …

▸ helfen Sie dem Pferd, Probleme beim Mähneverziehen, beim Frisieren und Einflechten zu überwinden.
▸ lernt ein Pferd, den Hals zu senken und zu dehnen
▸ entwickelt sich eine korrekte Oberlinie
▸ kommen Pferde, die nicht stillstehen können, zur Ruhe

Beobachten Sie die Haut am Hals, am Widerrist und an der Schulter. Sie werden staunen, wie groß der Bereich ist, der von dieser einfachen Arbeit beeinflusst wird.

Drehen Sie ein Mähnenbüschel nach beiden Richtungen im Kreis.

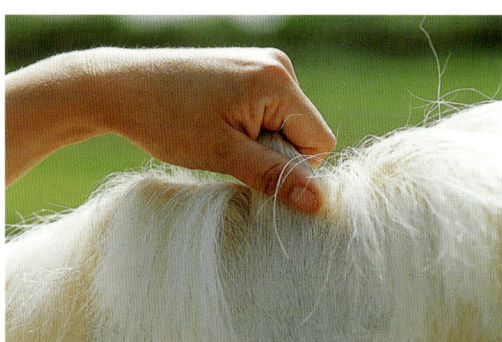

Oben: Bei einer langen Mähne folgen Sie dem natürlichen Fall der Haare.

Links: Lassen Sie die Strähne nach oben bis zum Ende durch die Finger gleiten.

Mein Pferd mag diese Übung nicht

▸ Streichen Sie zuerst über die Schweifhaare, um den Rücken zu entspannen und Ruhe ins Pferd zu bringen.
▸ Wenden Sie die anderen Übungen zur Lockerung des Halses an.
▸ Versuchen Sie, mit Maul-TTouches (S. 90) Kiefergelenk und Genick zu lösen.
▸ Machen Sie Ohren-TTouches (S. 104).
▸ Streichen Sie nur leicht über die Spitzen der Mähnenhaare.

Den Schopf ziehen

Entwickelt aus der TTEAM-Schweifarbeit, hat sich diese Übung als hervorragende Ergänzung zu den anderen Übungen zur Lockerung und Dehnung des Halses erwiesen. Auch das Ziehen am Schopf erzeugt eine Bewegung die ganze Oberlinie entlang. Man kann die Übung in die routinemäßige Körperarbeit integrieren, man kann sie aber auch vor oder während dem Reiten ausführen.

Bei einem Pferd unter dem Reiter hilft Schopfziehen, den Hals zu lockern und den Rücken aufzuwölben.

Mit dieser Übung …
- ▸ machen Sie Schultern, Rippen und Widerrist frei
- ▸ bereiten Sie das Pferd auf das Auftrensen vor
- ▸ lassen Pferde sich leichter einfangen
- ▸ helfen Sie dem Pferd bei Verkrampfung oder ungleicher Entwicklung der Schläfenmuskulatur
- ▸ lernt das Pferd, den Hals zu senken
- ▸ helfen Sie Pferden, die sich an den Ohren nicht berühren lassen

▸ Stellen Sie sich etwas seitlich vor das Pferd und stellen Sie einen Fuß etwas weiter vor als den anderen. Eine Hand liegt leicht auf dem Nasenriemen von Halfter oder Trense, aber bitte mit offenen Fingern. Achten Sie darauf, nicht fest zuzupacken.

▸ Nehmen Sie den Schopf behutsam in die Hand und streichen Sie vom Ansatz bis zur Spitze hinunter. Ist dem Pferd dies angenehm, gehen Sie zurück zum Ansatz, halten den Schopf diesmal aber fest. Verlagern Sie Ihr Gewicht leicht auf den hinteren Fuß und ziehen Sie den Pferdehals zu sich hin. Einen Augenblick halten, dann

verlagern Sie langsam das Gewicht auf den vorderen Fuß und gehen mit der Bewegung zurück zum Anfang. Das Nachgeben beansprucht bei dieser Übung die längste Zeit. Es sollte eine Bewegung durch den ganzen Körper laufen, obwohl manche Pferde anfangs so blockiert sind, dass die Bewegung minimal oder auf bestimmte Körperteile beschränkt ist.

Halten Sie das Pferd mit einer Hand fest und verlagern Sie sacht das Gewicht auf den hinteren Fuß. Einen Augenblick halten, dann das Gewicht nach vorn verlagern und langsam wieder nachgeben.

Mein Pferd mag diese Übung nicht
- ▸ Streichen und drehen Sie den Schopf (S. 108) neben anderen Übungen zur Lockerung des Halses.
- ▸ Beginnen Sie mit Schweif-Arbeit (S. 130, 138).
- ▸ Führen Sie das Pferd an der Hand durchs Labyrinth (S. 132) oder durch das „S" (S. 118).
- ▸ Versuchen Sie es mit Maul-TTouches (S. 90) und kreisförmigen TTouches am Kopf, im Gesicht, im Genick und oberen Halsbereich.
- ▸ Stellen Sie sich seitlich neben das Pferd und machen Sie die Bewegungen ganz klein – fast als ob Sie sich die Übung mehr vorstellten, als wirklich am Schopf zu ziehen.

Die Brieftaube

Wenn ein Pferd daran gewöhnt ist, zwischen zwei Führpersonen zu gehen, bringt dies viele Vorteile. Es lässt sich dann nicht nur von jeder Seite aus führen, es ist auch besser im Gleichgewicht und mehr gerade gerichtet. Das Pferd geht in seinem eigenen Raum; es läuft nicht hinterher und stützt sich auch nicht auf der Führperson ab, sodass auch störrische Pferde gefahrlos und in Ruhe gearbeitet werden können. Es gibt zwei Führpersonen, aber nur eine hat hauptsächlich das Sagen. Die Zweite agiert als neutrale Stütze und ist da, wenn sie gebraucht wird, ein bisschen wie in einem Flugzeug: Einer ist der Pilot, der andere der Kopilot.

▸ Beide Führpersonen halten in der äußeren Hand eine Gerte zusammen mit dem Ende der Führleine. Die Hauptperson gibt mit der Gerte die Signale und kann sie nötigenfalls mit kurzem Annehmen und Nachgeben der Leine verstärken. Ziel ist, dass das Pferd sein Gleichgewicht auf ein Gertensignal hin zu verlagern lernt anstatt auf einen Ruck am Kopf. Dadurch lernt es Selbsthaltung. Außerdem ist die Übung hervorragend geeignet, dem Pferd Selbstdisziplin beizubringen.

Diese Übung …

▸ hilft, wenn Pferde beim Führen drängeln oder wegscheuen
▸ hilft, wenn Pferde eine Abneigung gegen enge Durchgänge haben
▸ gewöhnt das Pferd an den Umgang mit mehr als einer Person
▸ gewöhnt das Pferd daran, ruhig stillzustehen
▸ verbessert die Geschicklichkeit der Führperson im Umgang und in der Kommunikation

▸ Bei einem sehr gehfreudigen Pferd muss die Hand nahe am Halfter eine Vorwärtstendenz haben. Sie darf auf keinen Fall zurückziehen, was Sie außerdem daran erinnert, so weit vorn zu bleiben wie möglich.

▸ Führen Sie im Schritt, bis Sie die Übung beherrschen, und nehmen Sie dann Bodenstangen dazu, z. B. das Labyrinth (S. 132). Halten Sie sich leicht vor der Pferdenase, sodass Sie sich gegenseitig sehen können. Zum Antreten streicht die Hauptperson mit der Gerte das Pferd an der Schulter und dann die Vorderbeine hinunter ab und zieht die Gerte dann auf Brusthöhe des Pferdes nach vorn und außen. Tritt das Pferd nicht an, werden die Schritte wiederholt, gleichzeitig wird die Führleine leicht angenommen und wieder nachgegeben. Bleibt das Pferd wie

Wie Sie zwei Führleinen befestigen
▸ Die erste Führleine wird befestigt, wie auf S. 100 beschrieben.

▸ Die zweite Führleine wird durch den Ring auf der anderen Seite des Halfters geführt.

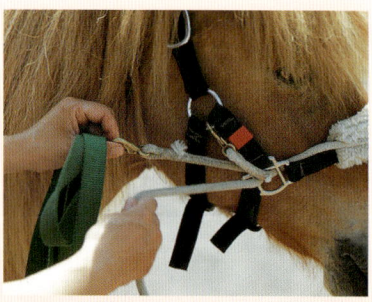

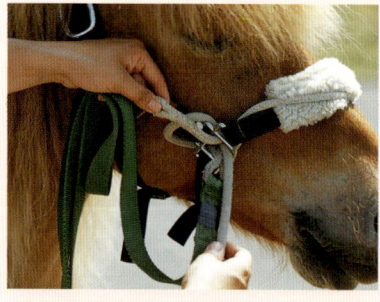

▸ Dann von innen wieder durch den Ring zurück. Dadurch kann der Ring nicht gegen das Pferd kippen.

▸ Bringen Sie das eine Ende nach oben und zwischen Halfter und erster Führleine hindurch.

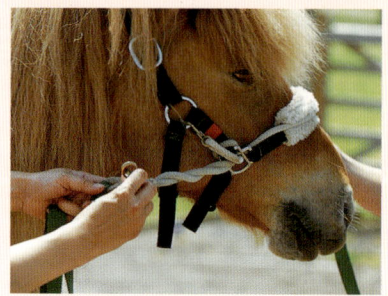

▸ Drehen Sie das Ende um die Leine und machen Sie es an dieser fest. So kann keine Schlaufe entstehen, die zu Komplikationen führen könnte.

angewurzelt stehen, kann eine der Führpersonen den Pferdekopf leicht zu sich hin ziehen, um Hals und Schulter frei zu machen.

Das Pferd soll sich an der durchhängenden Leine ruhig von beiden Seiten führen lassen.

Wenn sich das Pferd wehrt oder erstarrt, kann eine der beiden Führpersonen mit leichtem Zupfen dem Pferd ein Signal geben, um die Blockade im Genick zu lösen, sodass es wieder ruhig vorwärts gehen kann.

‣ Die zweite Führperson behält die Leine neutral in der Hand. Beide Gerten sollten auf gleicher Höhe getragen werden und mit den Spitzen zueinander zeigen, d. h. sie sollten, ohne sich zu berühren, ein offenes Dreieck bilden. Um ein Pferd langsamer zu machen, kann eine der beiden Führpersonen die Gerte ein Stück zurück in Richtung Pferdebrust führen und sie dann wieder öffnen, sodass sich die Bewegung nötigenfalls wiederholen lässt.

‣ Die Hauptperson muss dem Partner wie dem Pferd klare Instruktionen geben, wohin es gehen soll und wann sie darauf vorbereitet sein sollen, anzuhalten oder anzutreten.

Mein Pferd mag diese Übung nicht

‣ Versuchen Sie es mit der Alternative (unten).
‣ Führen Sie zu zweit und lassen Sie eine Person mit Schulterdrücken (S. 126) und Raupe (S. 113) arbeiten.
‣ Machen Sie die anderen Übungen zur Lockerung des Halses und solche, die auf Widerrist und Schultern wirken (S. 122–135).

‣ Als Alternative kann die zweite Führperson ein langes Kletterseil durch den Ring auf der rechten Seite des Halfters ziehen. Da beide Enden getrennt gehalten werden, kann in diesem Fall keine Gerte mitgeführt werden. Wegen der Länge des Seils kann sie mehr Abstand halten und durch behutsames Vor und Zurück an den Seilenden dem Pferd das Nachgeben angenehm machen.

Mit einem Stück dünnem Kletterseil, durch den seitlichen Ring gefädelt, kann man junge Pferde an das Führen oder nervöse und schiefe Pferde an das Führen von zwei Seiten gewöhnen.

Die zweite Führperson kann mehr Abstand halten.

Wenn Sie die Leine im Gehen ein wenig durchgleiten lassen, können Sie das Pferd eher gerade richten, als wenn Sie aktiv versuchen, Zwang auszuüben.

Machen Sie Ihr Pferd locker

Das „S" laufen

Diese Connected-Riding-Übung können Sie einflechten, wenn Sie das Pferd auf die Koppel bringen oder es holen, auf dem Weg zur Aufsteighilfe oder vor dem Aufsitzen in der Reithalle, als Teil der Aufwärmroutine. Die Übung macht den Hals weich und locker und hilft, die Rippen zu öffnen und den Rücken aufzuwölben. Gleichmäßiger Zügelkontakt wird gefördert, und es fällt dem Pferd leichter, Unterkiefer und Genick loszulassen.

> **Diese Übung hilft …**
> ▸ Pferden, die steif und einseitig sind
> ▸ wenn Pferde beim Führen drängeln oder sich abstützen
> ▸ das Gewicht gleichmäßiger über alle vier Füße zu verteilen

▸ Stellen Sie sich links neben den Pferdekopf. Die rechte Hand hält die Führleine dicht am Halfter. Oder Sie haken die Finger in den Nasenriemen von Halfter oder Trense ein. Achten Sie auf Ihre Haltung: Knie, Hüften und Rücken bleiben leicht gebeugt.

▸ Für den Anfang sollten die Bogen des „S" nur flach angelegt werden. Zum Antreten drehen Sie das Becken ein wenig nach rechts und gehen mit dem Pferd ein paar Schritte, sodass es in der Bewegung leicht nach rechts gebogen ist. Dann drehen Sie, immer noch im Gehen, Ihr Becken langsam nach links und gehen weitere vier oder

Dann drehen Sie sich nach links und gehen die Bögen allmählich immer weiter aus.

fünf Schritte. Wiederholen Sie das Muster, und wenn das Pferd problemlos nachgibt, gehen Sie die Bögen allmählich weiter aus.

> **Mein Pferd mag diese Übung nicht**
> ▸ Führen Sie es durch Zickzack-Stangen (S. 111) und Labyrinth.
> ▸ Versuchen Sie, Hals und Genick mit den entsprechenden Übungen (S. 104–121) frei zu machen.
> ▸ Üben Sie mit einem anderen Pferd, um zu sehen, ob Sie Ihre Technik verfeinern müssen.

▸ Wenn die Bögen mehr betont werden, müssen Sie vielleicht einen Schritt zurückgehen, sobald Sie das Becken nach links drehen. Ziel ist, mit der Hand leichte Verbindung zu halten und das Pferd in einer flüssigen Bewegung zum Nachgeben zu bringen.

Zu Beginn der Übung drehen Sie das Becken nach rechts und schieben im Weitergehen das Pferd von sich weg.

Der Halsring

Bei Linda Tellington-Jones ist das Reiten ohne Trense seit Jahrzehnten Bestandteil ihrer Arbeit. Auf einer Tour durch die USA führte sie schon Mitte der 1960er-Jahre vor, wie man ein Pferd ohne Gebiss reiten und sogar springen kann. Der Halsring (s. auch S. 82) ist ein ausgezeichnetes Mittel zur Verbesserung des Gleichgewichts sowohl beim Pferd wie beim Reiter. Mit ihm lernt das Pferd, den gesamten Halsbereich loszulassen und nachzugeben.

Der Halsring hilft dem Pferd, nachzugeben und Selbsthaltung sowie Selbstvertrauen zu entwickeln. Außerdem macht das Reiten mit Halsring ausgesprochen Spaß und ist so einfach zu lernen, dass selbst ein Kind nach einmaligem Üben damit zurechtkommt.

Diese Übung hilft ...
- gegen Schreckhaftigkeit
- Pferden, die sich verwerfen oder über die Schulter ausfallen
- wenn Pferde sich aufs Gebiss legen oder sich festbeißen
- Pferden, die den Kopf nicht herunter nehmen wollen

- Reiten Sie mit Halsring nur in einem abgegrenzten Raum. Damit das Pferd sich nicht erschreckt, wenn es den Halsring aus dem Augenwinkel sieht, machen Sie es vom Boden aus damit vertraut. Führen Sie das Pferd erst von einer, dann von der anderen Seite und gewöhnen Sie es an den Halsring, indem Sie ihn als Signal für eine Wendung leicht an den Hals anlegen und wieder wegnehmen.

- Sie können die Zügel in einer Hand halten, während Sie mit der anderen den Halsring halten. Legen Sie den Halsring am Hals an und nehmen Sie ihn wieder weg, wenn Sie abwenden wollen. Vielleicht müssen Sie probieren, an welcher Stelle am Hals das Signal am besten wirkt. Verdrehen Sie den Halsring nicht und versuchen Sie nicht, das Pferd damit herumzuziehen. Nimmt das Pferd den Kopf zu tief, bringen Sie ihn mit leichtem Annehmen und Nachgeben an der Unterseite des Halses wieder höher.

- Zum Anhalten kombinieren Sie Zügel, Halsring und das Stimmkommando „Haaalt" bzw. „Whooaa". Bringen Sie dem Pferd bei, dass Sie als Signal zum Anhalten zusätzlich zu Zügel-, Halsring- und Stimmhilfen noch die Oberschenkel vermehrt ans Pferd nehmen. Achten Sie darauf,

Machen Sie einen Knoten in die Zügel und halten Sie den Halsring mit einer Hand.

Zum Wenden legen Sie den Halsring kurz an der entgegengesetzten Halsseite an und nehmen ihn wieder weg.

Fish – Teil II

(Fortsetzung von S. 51) Nachdem wir Fish mit Boden- und Körperarbeit sowie der Arbeit unter dem Reiter neue Wege gezeigt hatten, konnte er sein Gewohnheitsmuster durchbrechen. Mit dem unnatürlich hoch getragenen Kopf war er oft vom Flucht- oder Kampfreflex beherrscht gewesen. Als er gelernt hatte, den Kopf zu senken, war es ihm möglich, den Hals loszulassen und zu dehnen. Dies wiederum ermöglichte ihm, den Rücken aufzuwölben und die Hinterhand effektiver einzusetzen. Außerdem wurde ihm ein breiterer Sattel angepasst. Wenn Fish sich bedroht fühlte, weil er mit anderen Pferden zusammen gearbeitet wurde, konnte Maggs ihn mit dem einfachen „S" an der Hand beruhigen.

Mit der Verbesserung seiner Haltung kam es zu einer dramatischen Änderung seines Verhaltens: Das Flucht-/Kampfverhalten war wie ausgelöscht. Fish wurde rittiger und beständiger in seiner Leistung und rundum ein glücklicheres und zufriedeneres Pferd.

Nach bestimmten Sicherheitsvorkehrungen …

… wird Fish nun ganz ohne Trense geritten.

den Unterschenkel von der Wade abwärts vom Pferdeleib weg zu halten. Hat das Pferd gelernt, anstandslos anzuhalten, können Sie auf die Zügel verzichten und ausschließlich mit dem Halsring wenden und anhalten. Wenn Sie schrittweise vorgehen, können Sie schließlich auch auf die Trense verzichten und das Pferd nur mit dem Halsring reiten.

Mein Pferd mag den Halsring nicht

▸ Versuchen Sie die Übungen zur Lockerung von Hals, Schultern und Rücken.
▸ Achten Sie darauf, nicht mit dem Unterschenkel zu klemmen.
▸ Auf keinen Fall einfach nur am Halsring ziehen.
▸ Machen Sie das Pferd mit dem Balancezügel (S. 128) vertraut.

Hals lösen

Diese TTEAM-Übung bringt das Pferd dazu, den Hals zu senken und zu dehnen, was wiederum dazu beiträgt, dass der Rücken sich aufwölbt und die Hinterhand aktiviert wird.

Diese Übung hilft …

▸ gegen Nervosität und Schreckhaftigkeit
▸ wenn es einem Pferd schwer fällt, sich weich in den Zügel zu dehnen
▸ den Raumgriff zu verbessern

Mein Pferd mag diese Übung nicht

▸ Passen Sie auf, dass Ihr Unterschenkel nicht nach hinten rutscht, wenn Sie sich vorbeugen.
▸ Lassen Sie Zähne, Gebiss und Sattel überprüfen.
▸ Versuchen Sie es stattdessen mit dem Balancezügel (S. 128) oder dem Halsring (S. 119).
▸ Beginnen Sie mit Bodenarbeit und arbeiten Sie mit der Raupe (S. 113) und dem Schulter nachzeichnen (S. 123), bevor Sie aufsitzen.
▸ Machen Sie die Übung möglichst dann, wenn das Pferd still steht.

▸ Nehmen Sie die Zügel in eine Hand und legen Sie die andere Hand vor dem Widerrist auf den Mähnenkamm, die Finger auf der einen, den Daumen auf der anderen Seite. Schieben Sie die Hand den Mähnenkamm entlang vom Halsansatz so weit nach oben, wie Sie es bequem und gefahrlos tun können.

Dan versucht, den Mähnenkamm zu entspannen, damit Dave seinen Hals lang machen kann.

Brust und Schultern

Brust und Schultern sind ein Spiegelbild dessen, was in Hals und Rücken vorgeht, und haben Einfluss auf den Raumgriff der Vorder- und Hinterbeine. Eine Arbeit, die diesen Bereich löst, gibt dem Pferd die Möglichkeit, den Rücken aufzuwölben und die Hinterhand aktiver einzusetzen.

Beinkreise vorn

Die Vorderfüße des Pferdes in kleinen Kreisen im Uhrzeigersinn und in Gegenrichtung zu bewegen, kann steife Schulterpartien lockern und den Hals und den oberen Teil des Rückens entspannen. Die Blutzufuhr zu den vorderen Extremitäten und Hufen wird angeregt, und man kann damit schnell und einfach Pferde unterstützen, die im Alter bei Kälte mit Steifheiten zu kämpfen haben. Verbinden Sie die Beinkreise einfach mit dem Hufeauskratzen. Wahrscheinlich stellen Sie fest, dass sich ein Bein besser bewegen lässt als das andere oder dass ein Bein deutlich steifer ist.

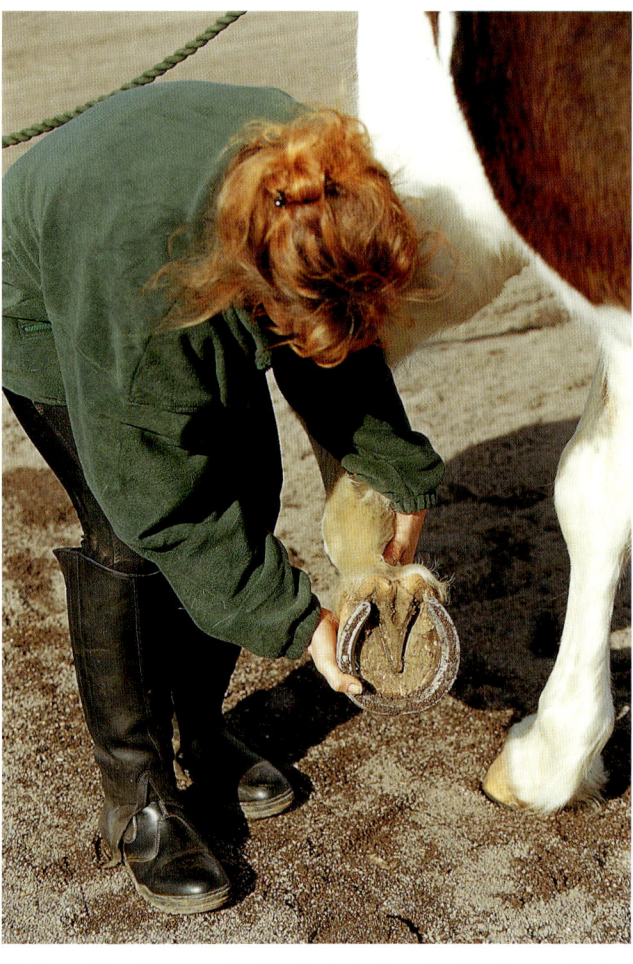

Die innere Hand liegt um das Fesselgelenk, die rechte Hand umgreift den Huf.

Diese Übung ...

▸ verbessert den Takt
▸ aktiviert die Hinterhand
▸ regt dazu an, den Hals zu senken, die Oberlinie zu entspannen
▸ verbessert das Gleichgewicht
▸ hilft gegen Verlade- und Transportprobleme

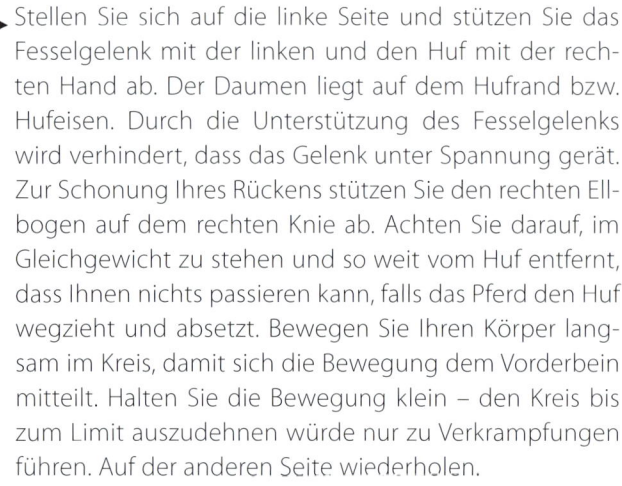

▸ Stellen Sie sich auf die linke Seite und stützen Sie das Fesselgelenk mit der linken und den Huf mit der rechten Hand ab. Der Daumen liegt auf dem Hufrand bzw. Hufeisen. Durch die Unterstützung des Fesselgelenks wird verhindert, dass das Gelenk unter Spannung gerät. Zur Schonung Ihres Rückens stützen Sie den rechten Ellbogen auf dem rechten Knie ab. Achten Sie darauf, im Gleichgewicht zu stehen und so weit vom Huf entfernt, dass Ihnen nichts passieren kann, falls das Pferd den Huf wegzieht und absetzt. Bewegen Sie Ihren Körper langsam im Kreis, damit sich die Bewegung dem Vorderbein mitteilt. Halten Sie die Bewegung klein – den Kreis bis zum Limit auszudehnen würde nur zu Verkrampfungen führen. Auf der anderen Seite wiederholen.

Stützen Sie sich mit dem rechten Ellbogen auf dem äußeren Knie ab und bewegen Sie den Huf in beide Richtungen im Kreis.

Die Schulter nachzeichnen

Diese Übung hilft, wenn Pferde sich gewohnheitsmäßig in der Schulter und im Halsansatz fest machen, und verbessert die Fähigkeit des Pferdes, in Übergängen seinen Schwerpunkt der Bewegung anzupassen. Die Schulter nachzuzeichnen hilft außerdem, wenn Pferde über die Schulter ausfallen oder kurze, unregelmäßige Gänge zeigen.

Diese Übung ...

▸ verbessert die Aktivität der Hinterhand
▸ lockert den Kiefer
▸ hilft Pferden, die über oder hinter dem Zügel gehen
▸ bereitet das Pferd auf die Arbeit mit dem Balancezügel (S. 128) oder dem Halsring (S. 119) vor
▸ hilft bei Problemen mit dem Verladen oder dem Hufschmied

▸ Stellen Sie sich mit dem Gesicht nach vorn links neben das Pferd. Die Führleine halten Sie in der linken Hand – nahe am Halfter, falls die Möglichkeit besteht, dass das Pferd beißt oder schnappt. Die Knie nicht ganz durchdrücken, den Oberkörper in der Hüfte leicht drehen und abknicken. Legen Sie die rechte Hand gleich unter dem Widerrist in die Rinne vor dem Schulterblatt. Halten Sie die Finger zusammen und gleiten Sie die Rinne abwärts bis zum Bug. Biegen Sie die Finger ab und zeichnen Sie die Rinne weiter nach. Wahrscheinlich werden Sie feststellen, dass dies im oberen und im unteren Teil weniger einfach ist. Das hängt damit zusammen, wie sehr sich das Pferd im Halsansatz, an der Brust und an den Schultern verkrampft. Fühlen sich manche Partien fest an, ziehen Sie den Pferdekopf leicht zu sich herüber, um eine Entspannung zu erzielen. Wiederholen Sie die Bewegung einige Male und arbeiten Sie dann auf der anderen Seite.

Mein Pferd mag diese Übung nicht

▸ „Tippeln" Sie mit den Fingerspitzen die Rinne hinunter.
▸ Machen Sie kleine kreisförmige TTouches (S. 94) über die Schulterpartie.
▸ Schaukeln Sie den Widerrist (S. 98).
▸ Bringen Sie das Pferd dazu, den Hals zu senken (S. 112–121).
▸ Gehen Sie langsamer vor und verringern Sie den Druck.

Die Finger sind geschlossen, die Fingerspitzen zeigen nach unten: Zeichnen Sie so die Rinne vor der Schulterpartie nach. Achten Sie dabei auf Zeichen, dass das Pferd sich loslässt und weich wird.

Den Widerrist schaukeln

Den Widerrist schaukeln gehört zwar zu den Anfangsbeobachtungen (S. 32–51), ist aber auch eine wohltuende Übung zur Lockerung von Schultern und Widerrist. Es hilft dem Pferd außerdem, sich an der Brust und im Brustkorb zu öffnen, mehr Raumgriff zu entwickeln, den Rücken aufzuwölben und aktiver unterzutreten. Den Widerrist schaukeln kann man im Stehen wie im Gehen.

Mit dieser Übung …
- lernt das Pferd stillzustehen
- kann man ein Pferd, das erstarrt ist (S. 18), kontrolliert wieder in Bewegung bringen
- lernt das Pferd seitliche Gewichtsverlagerung
- gewöhnt sich das Pferd daran, die Gliedmaßen gleichmäßig zu belasten

▸ Legen Sie eine Hand auf den höchsten Punkt des Widerrists, Handfläche auf der einen, Finger auf der anderen Seite. Stellen Sie einen Fuß leicht nach vorn und bleiben Sie in den Knien und der Hüfte leicht gebeugt. Nun verlagern Sie langsam Ihr Gewicht auf den vorderen Fuß und achten auf eine gleichmäßige Verbindung über den Arm zur Hand. Damit schicken Sie den Widerrist von sich weg. Nach einer kurzen Pause verlagern Sie das Gewicht auf den hinteren Fuß, worauf sich der Widerrist zu Ihnen hin bewegt. Einige Male wiederholen. Achten Sie darauf, ob eine Seite freier ist als die andere und wie das Pferd auf die Übung reagiert.

Legen Sie die Hand um den höchsten Punkt des Widerrists, Handfläche auf der einen, Finger auf der anderen Seite, und schieben Sie ihn weg. Machen Sie eine kurze Pause und bringen Sie ihn wieder zu sich her.

Mein Pferd mag diese Übung nicht
- Denken Sie nur, dass das Pferd sich ein wenig von Ihnen wegbewegen sollte. Stützen Sie die Schulter leicht ab und lassen Sie dann allmählich nach, damit das Pferd langsam wieder zu Ihnen kommen kann.
- Machen Sie die Übung im Gehen an der Hand.
- Versuchen Sie es mit Schulter nachzeichnen (S. 123).
- Führen Sie über hochgestellte Stangen (nächste Seite), damit der Widerrist sich hebt und locker wird.

Harley – Teil II

(Fortsetzung von S. 47) Oft sind Probleme in der Mundhöhle der Grund dafür, warum ein Pferd kopfscheu ist. Harley ließ sich nicht gern am und im Maul berühren. Wie sich herausstellte, hatte er einen Knoten seitlich am Unterkiefer, der sich im Röntgenbild als alter Abszess darstellte. Der Zahntechniker richtete unter Sedierung die Zähne und entfernte scharfe Kanten, die seitlich an der Zunge und innen an den Backen zu Verletzungen geführt hatten.

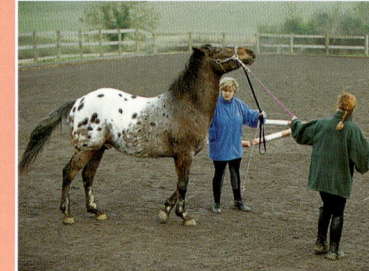

Wenn Harley Angst hatte, warf er den Kopf hoch.

Harley war aufgebläht und im Hals völlig verspannt. Seine Hufe waren nicht ausbalanciert, was nicht

Der ganzheitlich orientierte Tierarzt Nick Thompson behandelte Harley mit einer Photonenpumpe, weil er für Akupunktur zu empfindlich war.

verwunderte, weil er sich nur sehr schwer beschlagen ließ. Außerdem hatte er eine Fehlstellung der Vorderbeine und ein sehr gerades Hinterbein. Die rechte Hüfte fühlte sich heiß an, der Rücken war fest.

Harley wurde am Körper und die Vorderbeine hinunter mit der Gerte abgestrichen, damit wir allmählich daran arbeiten konnten, seine Hufe ins Gleichgewicht zu bringen. Für den Anfang empfinden die meisten Pferde diese Art Kontakt als weniger bedrohlich, und nach einigen Tagen bewegte sich Harley auf Menschen, die seine Box betraten, zu, anstatt sich in der Ecke zu verkriechen. Boden- und Körperarbeit trugen dazu bei, dass er sich in seinem Körper wohler zu fühlen begann und den Hals absenken und länger machen konnte. Wenn ihn etwas beunruhigte, stemmte er alle Viere in den Boden und streckte die Nase in die Luft. Manchmal erstarrte er auch. Als Aufforderung, sich ruhig und konzentriert wieder in Bewegung zu setzen, bogen wir seinen Kopf ein wenig ab oder schaukelten den Widerrist.

Er bekam zusätzlich Probiotika zur Wiederherstellung des Gleichgewichts, und der Ganzheitsmediziner Nick Thompson behandelte ihn mit Akupunktur und Homöopathie. Da Harley sich von Fremden immer noch nicht gern anfassen ließ, benutzte er anstatt der Nadeln eine Photonenpumpe, um Akupunkturpunkte am ganzen Körper zu stimulieren. Die Photonentherapie wurde von dem australischen Tierarzt Brian McClaren (Website siehe S. 151) entwickelt. Sie dient zur Diagnose und Behandlung verschiedener Symptome und passt gut zu der Arbeit, wie wir sie durchführen.

Die Akupunkturpunkte, die bei Harley während Nicks Untersuchung eine Reaktion hervorriefen, bestätigten alles, was wir bei unserer anfänglichen Beurteilung festgestellt hatten. Problemzonen waren die vorderen Gliedmaßen, der Darm, die Hüften, die Sprung- und Kniegelenke (auf der rechten Seite mehr als auf der linken) und empfindliches Bindegewebe am Rücken.

Wir umwickelten den Gertenknauf mit einer elastischen Binde und strichen Harley damit an den Röhrbeinen ab. Außerdem wurde er über unterschiedliche Böden geführt, und vier Tage nach seiner Ankunft in unserem Stall konnte mein wunderbarer Hufschmied Tigger Barnes seine Hufe ohne Probleme korrigieren und neu beschlagen. Harley verbesserte sich von Tag zu Tag auf vielen Ebenen. Eine längere Rehabilitation, die ihm erlaubt hätte, seine Muskulatur zu entwickeln, hätte ihm gut getan, aber leider können manche Besitzer aus ökonomischen oder praktischen Erwägungen die notwendige Arbeit nicht fortführen, und Harley wurde bald nach seiner Rückkehr verkauft.

Hochgestellte Stangen

Wenn ein Pferd mit dem Vorderfuß über eine Stange tritt, sollte sich der Hals senken und Schultern und Widerrist sollten sich lockern und heben. Das funktioniert nicht bei Pferden, die im Hals, den Schultern oder im Rücken fest sind. Ein Pferd an der Hand über hochgestellte Stangen zu führen kann dazu beitragen, dass es locker wird.

> **Mit dieser Übung …**
> ▸ wird die Hinterhand aktiviert
> ▸ kann man Pferde mit hoher Kopfhaltung korrigieren
> ▸ lässt sich das Konzentrationsvermögen verbessern
> ▸ verschwinden Probleme beim Verladen
> ▸ verbessern sich die Übergänge

▸ Sie brauchen mindestens zwei Stangen und vier Blöcke oder zwei Cavaletti. Die Entfernung zwischen den Stangen wird dem Schritt des jeweiligen Pferdes angepasst. Bitten Sie jemanden, Ihnen bei der Arbeit zuzusehen, oder leiten Sie jemanden an, damit Sie beobachten können, wie das Pferd sich über den Stangen verhält.

▸ Befestigen Sie die TTEAM-Führleine, wie auf S. 100 beschrieben, oder haken Sie die Leine seitlich am Halfter ein. Das Ende der Leine und die Gerte nehmen Sie in die äußere Hand, die andere liegt auf der Leine dicht am Halfter. Sie sollten ein wenig vor der Pferdenase stehen, damit das Pferd eher gerade bleibt und mit den Vorderbeinen gleichmäßig ausgreift.

▸ Führen Sie das Pferd auf die Stangen zu und halten Sie ein paar Meter vor der ersten Stange an. Streichen Sie Brust und Vorderbeine mit der Gerte ab und zupfen Sie dann als Signal zum Antreten leicht an der Leine. Gleichzeitig lassen Sie die Hand auf der Leine nach unten gleiten, weg vom Halfter, damit das Pferd Hals und Kopf frei hat, wenn es über die Stange tritt. Machen Sie eine Vorwärtsbewegung mit der Gerte, schauen Sie in die Bewegungsrichtung und versuchen Sie, über die Führleine zu spüren, wie sich das Pferd über den Stangen verhält. Legt es Ihnen schwer den Kopf in die Hand? Gehen Kopf und Hals deutlich auf und ab? Zieht es in eine Richtung? Manche Pferde werfen anfangs den Kopf hoch, heben ein Bein höher als das andere, stolpern über die Stangen, treten über beide Stangen jeweils mit demselben Bein oder wursteln sich ungeschickt durch die Übung, aber meistens werden die Bewegungen nach ganz kurzer Zeit flüssig, der Hals entspannt sich und der Widerrist wird wirklich frei und hebt sich.

Lassen Sie über den Stangen die Leine durch die Hand gleiten, damit das Pferd den Hals frei hat.

Mein Pferd mag diese Übung nicht

Machen Sie es schrittweise mit der Übung bekannt:
▸ Beginnen Sie mit einer Stange am Boden.
▸ Fügen Sie eine nach der anderen weitere drei hinzu, bis Sie vier Stangen flach am Boden liegen haben.
▸ Stellen Sie eine Stange nach der anderen hoch.

Druck auf die Pferdeschulter

Eine Connected-Riding-Übung, mit der sich in der gestützten Bewegung Schulter und Halsansatz lockern lassen. Sie trägt dazu bei, dass das Pferd sich in den Rippen biegen und entspannen kann, und wirkt einer etwaigen Einseitigkeit entgegen.

Diese Übung ...

▸ verbessert den Takt
▸ aktiviert die Hinterhand
▸ erleichtert seitliche Biegung
▸ dehnt und entspannt den Rücken
▸ hilft Pferden, die zum Scheuen und Umdrehen neigen

▸ Fangen Sie auf der linken Seite an, weil dies für die meisten Pferde leichter ist. Stellen Sie sich auf Schulterhöhe neben das Pferd, Gesicht zum Pferd, und halten Sie die Führleine in der linken Hand dicht am Halfter. Mit der

rechten Hand machen Sie eine weiche Faust und drücken damit in den fleischigen Muskel in der Schultermitte – ungefähr zwei bis drei Fäuste hinter dem Bug, je nach Größe des Pferdes.

▸ Ihre Füße stellen Sie leicht auseinander, den rechten Fuß etwas mehr nach vorn. Drücken Sie die Faust langsam in den Schultermuskel und drehen Sie sich allmählich nach links. Knie und Hüften bleiben leicht gebeugt. Durch die Drehbewegung nach links entsteht in der Schulter eine Stützwirkung; das Pferd wird nicht einfach nur weggeschoben. Das Pferd soll sich in die Bewegung hinein entspannen, nicht dagegendrücken. Halten Sie die Position einen Augenblick und beobachten Sie die Reaktion des Pferdes. Drehen Sie den Körper langsam wieder nach rechts und lassen Sie den Druck auf die Schulter nach. Dieses Nachlassen ist der wichtigste Teil der Übung, denn damit hat das Pferd Gelegenheit, weich nachzugeben und seine Haltung entsprechend anzupassen. Denken Sie dabei immer „Hoch die linke Hand!". Es genügt schon, „Hoch!" zu denken; Sie brauchen die Hand nicht

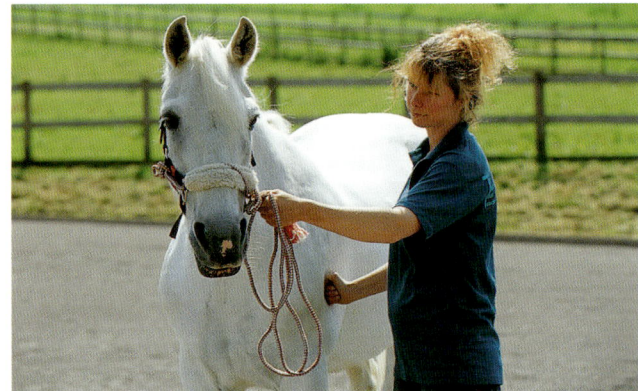

Eine Hand hält die Führleine dicht am Halfter, die andere liegt auf dem fleischigen Teil der Schulter. Drücken Sie die Faust hinein und drehen Sie sich gleichzeitig nach rechts.

wirklich anzuheben. So bleibt der Kontakt leicht, und es besteht keine Gefahr, dass Sie (unbewusst) den Pferdekopf nach unten ziehen. Einige Male wiederholen und dann die Seite wechseln. Achten Sie darauf, ob das Pferd die Übung auf einer Seite angenehmer findet und ob es auf beiden Seiten gleichermaßen nachgibt.

▸ Die Übung lässt sich auch im Schritt ausführen. Halten Sie genügend Abstand, damit Sie nicht getreten werden. Denken Sie daran, sich wieder leicht vom Pferd wegzudrehen, wenn Sie anfangen zu drücken. Sie können auch zwei Führleinen einhaken und mit der Hand, die den Druck ausführt, Kontakt zum äußeren Zügel aufnehmen.

Sie können diese Übung auch im Schritt mit zwei Führleinen ausführen.

Mein Pferd mag diese Übung nicht

▸ Drücken Sie nur in den weichen, fleischigen Teil der Schulter.
▸ Reduzieren Sie den Druck auf ein Minimum.
▸ Achten Sie darauf, den Pferdekopf nicht nach unten oder zur Seite zu ziehen.
▸ Versuchen Sie die Übungen zum Entspannen des Halses (S. 112–121).
▸ Versuchen Sie es mit dem Schaukeln des Widerrists (S. 124).

Druck auf die Pferdeschulter unter dem Reiter

Die Übung lässt sich auch vom Boden aus ausführen, während ein Reiter im Sattel sitzt. Das Pferd lernt dadurch, sich in den Zügel zu strecken und Kontakt aufzunehmen. Es hilft ihm, im ganzen Körper weich und nachgiebig zu werden.

Diese Übung hilft …

▸ einen gleichmäßigen Zügelkontakt zu entwickeln
▸ wenn Pferde sich losreißen und über oder hinter dem Zügel gehen.
▸ Pferden, die sich auf den Zügel legen
▸ Pferden, die schreckhaft sind
▸ wenn Pferde über die Schulter ausfallen
▸ dem Pferd, sich in Widerrist und Schulter zu heben
▸ dem Pferd, die Hinterhand zu aktivieren

▸ Stellen Sie sich neben das Pferd und machen Sie eine weiche Faust. Drücken Sie diese in den weichen, fleischigen Teil der Schulter. Wie beim Schulterdrücken im Schritt an der Hand gehen Sie dabei neben dem Pferd her und beachten die gleichen Regeln. Der Reiter hält die Zügel, und nur in Ausnahmefällen und nur, wenn es sicher ist, kann die Person am Boden die Zügel übernehmen, was besonders dann nützlich ist, wenn das Pferd sich gern hinter dem Zügel verkriecht.

Mit Schulter drücken unter dem Reiter kann man die Hinterhand aktivieren.

Mein Pferd mag diese Übung nicht

Arbeiten Sie die Checkliste für Schulter drücken an der Hand (links) durch und achten Sie auf Folgendes:
▸ Passendes Sattelzeug
▸ Passendes Zaumzeug
▸ Sitz des Reiters
▸ Zähne

Der Balancezügel

Der TTEAM-Balancezügel sieht aus wie ein Halsriemen, aber der Teil, der bei dieser genialen Erfindung mit dem Pferd in Berührung kommt, besteht aus einem ca. 1 cm dicken Seil.

Mit diesem ebenso einfachen wie wirkungsvollen Mittel kann man ein Pferd rund machen, es stabilisieren, gerade richten und ins Gleichgewicht bringen. Der Balancezügel ist hilfreich bei Pferden, die klemmen und sich im Hals, in den Schultern und im Rücken fest machen, und wirkt, wenn Pferde pullen, kleben oder scheuen, weil die Spannung im Hals, in den Schultern und im Rücken weitgehend abgebaut wird.

Der Balancezügel ist hervorragend geeignet für Pferde, die über dem Zügel gehen, gern scheuen ...

Diese Übung hilft ...

▸ gegen Zackeln
▸ wenn Pferde wegspringen oder umdrehen
▸ Reitern, im Gleichgewicht zu sitzen, statt sich am Zügel festzuhalten
▸ den Sitz des Reiters zu verbessern
▸ Pferden mit hoher Kopfhaltung
▸ nervigen Pferden
▸ wenn Pferde sich auf den Zügel legen oder sich festbeißen
▸ beim Anreiten junger Pferde
▸ den Fokus zu verbessern
▸ wenn Pferde beim Springen hektisch werden

... oder eilen, und die Wirkung tritt im Allgemeinen sofort ein.

▸ Für diese Übung brauchen Sie keinen Balancezügel zu kaufen, sondern können ein Stück Kletterseil zusammenknüpfen. Sie müssen nur darauf achten, dass der Zügel nicht aufgehen und Ihnen aus der Hand fallen kann.

▸ Am einfachsten halten Sie den Trensenzügel zwischen dem kleinen und dem Ringfinger und den Balancezügel zwischen Ring- und Mittelfinger. Alternativ können Sie aber auch den Balancezügel zwischen kleinem und Ringfinger halten und den Trensenzügel außen um den kleinen Finger laufen lassen.

▸ Nehmen Sie den Balancezügel in beide Hände und treiben Sie das Pferd vorwärts. Zum Anhalten oder Stabilisieren des Pferdes zupfen Sie ein wenig am Balancezügel. Durch den Kontakt des Seils mit dem Halsansatz wird das Pferd veranlasst, im Hals nachzugeben und ihn lang zu machen. Vielleicht müssen Sie ein wenig herumprobieren, bis das Pferd versteht, was Sie von ihm wollen. Ihre Zügel dürfen nicht zu kurz sein, damit das Pferd Widerrist und Hals auch wirklich entspannen kann.

Der Trensenzügel wird zwischen dem kleinen und dem Ringfinger, der Balancezügel zwischen Ring- und Mittelfinger gehalten.

Mein Pferd mag diese Übung nicht

▸ Überprüfen Sie den Sattel.
▸ Ziehen Sie nicht am Balancezügel, sondern zupfen Sie nur leicht – annehmen und nachgeben –, weil das Pferd sich sonst einfach dagegen lehnt.
▸ Pferde, die im Halsansatz extrem fest sind und gewohnheitsmäßig auf der Vorhand gehen, spüren das Annehmen und Nachgeben anfangs vielleicht gar nicht. Versuchen Sie es mit dem Einsatz des Balancezügels vom Boden aus (gegenüberliegende Seite).

▸ Um das Pferd vom Boden aus mit dem Balancezügel bekannt zu machen, brauchen Sie jemanden, der das Pferd führt, während Sie mit dem Balancezügel oder dem Seil arbeiten. Die Führperson muss auf Höhe der Pferdenase bleiben, damit Sie nicht übereinander fallen. Knoten Sie den Balancezügel auf, damit Sie bei Bedarf sofort loslassen können, und schlingen Sie ihn um den Halsansatz des Pferdes.

▸ Lassen Sie das Pferd ein paar Schritte vorwärts gehen, dann nehmen Sie das Seil oder den Balancezügel langsam an und geben wieder nach. Dieses Signal wiederholen Sie so oft, bis das Pferd anhält. Denken Sie daran, dass das Pferd sich beim Nachgeben ausbalanciert und dann in der Lage ist anzuhalten. Die Führperson kann mit dem Führstrick und der Gerte ein Signal geben, damit das Pferd leichter versteht, was von ihm erwartet wird. Zum Annehmen heben Sie das Seil oder den Balancezügel entlang der Schulterlinie mit der linken Hand an.

Um die Bemuskelung des Rückens zu fördern und zu erhalten ...

▸ muss das Pferd gründlich gelöst werden.

▸ ist eine solide Grundausbildung wichtig; der Schwierigkeitsgrad wird nur allmählich erhöht.

▸ werden Verspannungen durch Boden- und Körperarbeit sowie durch Übungen unter dem Reiter vermieden oder vermindert.

▸ darf das Pferd sich während der Arbeit unter dem Sattel häufig am langen Zügel strecken.

▸ muss der Sattel richtig passen.

▸ müssen Hufe und Zähne regelmäßig von Fachleuten überprüft und korrigiert werden.

▸ darf das Pferd nicht überfordert oder mit Gewalt in eine äußere Form gepresst werden.

▸ muss das Pferd Zeit haben, abzukühlen.

▸ lässt man nach der Arbeit die Satteldecke oder das Pad noch kurz auf dem Rücken, damit die warmen Muskeln nicht zu schnell abkühlen.

▸ wird das Pferd mit warmem Wasser abgewaschen.

Ist das Pferd am Halsansatz überempfindlich oder wird unruhig, machen Sie es vom Boden aus mit dem Balancezügel bekannt.

Widerrist, Rücken und Hinterhand

Im Gegensatz zu den Halswirbeln ist eine Bewegung der Brustwirbel nur beschränkt möglich. Der Rücken bezieht seine Kraft aus einer Kombination von Bändern, Sehnen, Muskeln und Knochen. Übungen mit dem Ziel, den Rücken zu stärken und die Hinterhand zu aktivieren, sind unabdingbar, um die Gefahr von Verletzungen zu minimieren.

Lassen Sie öfter im Schritt die Zügel lang, damit das Pferd sich strecken kann.

TTouches

Den Wolkenleopard-TTouch (S. 94) können Sie am ganzen Pferdekörper anwenden. Am Hals und Rücken, an der Hinterhand und rechts und links vom Schweif trägt er dazu bei, die Durchblutung anzuregen, das Pferd locker zu machen und die Leistung zu steigern.

Wolkenleopard-TTouches können Sie am ganzen Körper machen.

Mein Pferd mag diese Übung nicht

Achten Sie auf eine weiche Hand und ein gerades Handgelenk und vergessen Sie das Atmen nicht. Versuchen Sie Folgendes:
▸ Führen Sie den TTouch mit dem Handrücken aus.
▸ Berühren Sie das Pferd nur ganz leicht.
▸ Machen Sie den Kreis in die andere Richtung.
▸ Beginnen Sie mit einem Halbkreis.
▸ Machen Sie den Kreis langsamer oder schneller.
▸ Finden Sie eine Stelle heraus, an der Ihr Pferd den TTouch mag, und arbeiten Sie von da aus weiter.

Schweifarbeit

Als ungewohnte Bewegung vermittelt die Schweifarbeit dem Nervensystem des Pferdes eine neue Erfahrung und regt eine Entspannung im ganzen Körper an. Mit der Schweifarbeit kann man das Pferd vom Kopf über den Körper bis zur Schweifrübenspitze verbinden. Verkrampfungen in Hals, Rücken und Genick werden gelöst, das Pferd wird geschmeidiger, seine Balance verbessert sich, und die Hinterhand wird aktiviert.

Mit dieser Übung kann man …

▸ die Erholungsphase von Distanz- und Militarypferden verkürzen
▸ Stress und Erschöpfung überwinden
▸ nicht verkehrssicheren oder geräuschempfindlichen Pferden helfen
▸ die Hinterhand aktivieren
▸ Verladeprobleme beseitigen

Kreise: Mit Schweifkreisen kann man dem Pferd helfen, verkrampfte Rückenmuskeln loszulassen und Verspannungen in Rücken und Hinterhand abzubauen. Es ist eine ausgezeichnete Übung für gerittene Pferde und solche, die viele Stunden in der Box verbringen müssen.

Schweifdrehen lockert den Rücken. Mit dem Reiter im Sattel verbessert es die Aktivität der Hinterhand.

▸ In der Beschreibung wird die Übung von der linken Seite her ausgeführt, sie lässt sich aber auch von rechts ausführen. Mit Blick auf die Seite des Schweifs schieben Sie die linke Hand ein paar Zentimeter unterhalb des Ansatzes unter die Schweifrübe. Die rechte Hand liegt etwas weiter unten. Biegen Sie die Schweifrübe leicht, indem Sie die linke Hand anheben und mit der rechten die Schweifrübe ein wenig nach innen drücken. Ist die Schweifrübe biegsam, ähnelt sie nun einem Fragezeichen. Ist sie steif, lässt sie sich vielleicht überhaupt nicht biegen und darf dann nicht mit Gewalt gebogen werden.

▸ Kreisen Sie die Schweifrübe vorsichtig in beide Richtungen und lassen Sie die Bewegung mehr durch Ihren Körper und die Schultern entstehen als nur durch die

Ein biegsamer Schweif sieht aus wie ein Fragezeichen.

Ist der Schweif eingeklemmt, ergreifen Sie eine Hand voll Haare und kreisen in beide Richtungen.

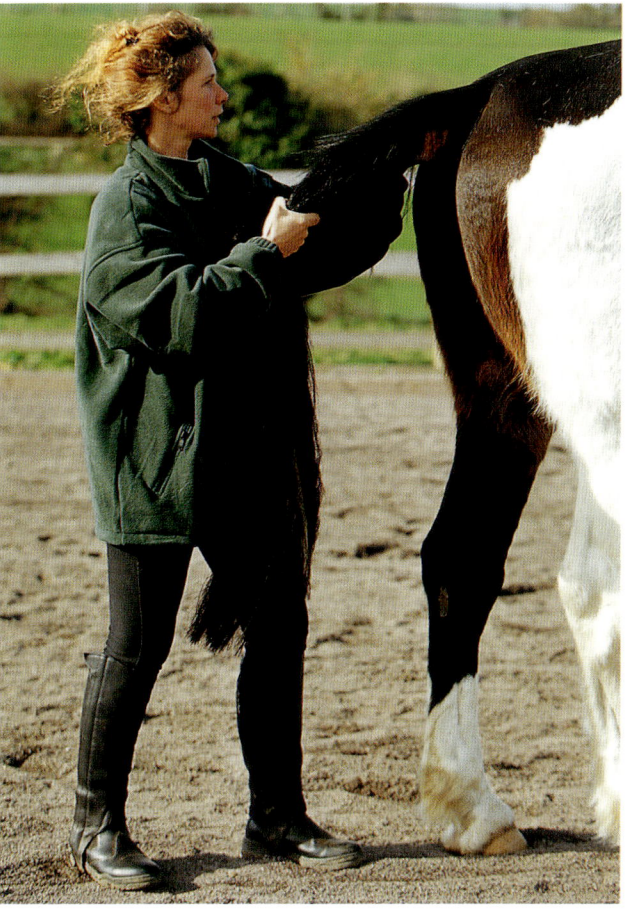

Halten Sie den Schweif und üben Sie einen sanften, stetigen Zug aus.

Arme. Durch leicht gebeugte Knie wird die Bewegung noch lockerer. Die Größe der Kreise hängt von der Steifheit der Schweifrübe ab.

Schweif ziehen: Sie stehen hinter dem Pferd, die Füße schulterbreit auseinander. Einen Fuß stellen Sie vor, den anderen zurück. Halten Sie den Schweif und ziehen Sie ihn stetig, aber mit Gefühl immer stärker nach hinten, indem Sie Ihr Gewicht vom vorderen auf den hinteren Fuß verlagern. Ca. fünf Sekunden halten, dann den Zug langsam und fließend nachlassen. Die Schweifrübe bleibt in einer Linie mit der Wirbelsäule. Lassen Sie sehr langsam nach, um einen Dominoeffekt auf die Wirbel zu vermeiden. Wird das Pferd unruhig oder versucht sich zu entziehen, verringern Sie den Zug oder gehen zurück zum Schweifkreisen. Bei einem Pferd mit loser oder schlaffer Schweifrübe ziehen Sie nicht, sondern drücken die Schweifrübe vorsichtig in Richtung Wirbelsäule.

Achtung!
Nur hinter das Pferd stellen, sofern dies gefahrlos möglich ist.

Mein Pferd mag diese Übung nicht

Gehen Sie zurück zu etwas, das ihm angenehm ist. Versuchen Sie:
▸ Wolkenleopard-TTouches (S. 94) um die Hinterhand und die Hinterbeine hinunter.
▸ Streichen Sie es am ganzen Körper einschließlich Hinterbeine und Schweif mit der Gerte ab.
▸ Von der Seite her lassen Sie Haarsträhnen durch die Finger gleiten, ohne den Schweif anzuheben.
▸ Von der Seite her ergreifen Sie die Schweifhaare am Schweifansatz und schaukeln den Schweif sanft von einer Seite zur anderen, um den Ansatz der Schweifrübe zu lockern.
▸ Kreisförmige TTouches beidseits die Schweifrübe hinunter sollten dazu führen, dass das Pferd den Schweif leicht anhebt.
▸ Beinkreise hinten (S. 132)
▸ Schopf ziehen (S. 115)
▸ Ohrenarbeit durch einen Helfer, während Sie an der Hinterhand arbeiten.
▸ Maul-TTouch (S. 90) – nervöse Pferde sind oft sowohl im Maul wie im Schweif fest.
▸ Andere Übungen für Rücken und Hinterhand sowie Bauch heben (S. 136), um Verspannungen im Rücken zu lösen.

Beinkreise hinten

Steife Hinterbeine werden locker, wenn man sie in kleinen Kreisen im Uhrzeigersinn und in der Gegenrichtung bewegt. Es ist ein schneller und einfacher Weg, Pferden zu helfen, die im Winter lange Zeit im Stall stehen müssen oder aus Altersgründen bei kaltem Wetter steif werden. Beinkreisen kann beim Hufeauskratzen praktiziert werden. Es kann sein, dass sich ein Hinterbein leichter im Kreis bewegen lässt als das andere, nicht so gern angehoben wird oder deutlich steifer ist. Mit dieser einfachen Übung lässt sich die Leistung unter dem Reiter in wenigen Tagen merklich verbessern.

> **Diese Übung …**
> ‣ hilft dem Pferd, den Rücken zu entspannen.
> ‣ verbessert die Durchblutung der Hinterbeine.

‣ Von der rechten Seite stützen Sie das Hinterbein mit der rechten Hand an der Röhre ab und umschließen den Huf mit der Linken. Um den eigenen Rücken zu entlasten, stützen Sie sich mit dem linken Ellenbogen auf dem linken Knie oder Oberschenkel ab. Achten Sie darauf, im Gleichgewicht zu stehen und so weit vom Huf entfernt, dass Sie nicht getreten werden, falls das Pferd Ihnen das Bein wegreißt und den Huf absetzt. Kreisen Sie langsam mit dem eigenen Körper, um die Bewegung auf das Bein zu übertragen.

Stützen Sie das hintere Röhrbein mit der inneren Hand. Mit der äußeren Hand umschließen Sie den Huf.

‣ Es ist wichtig, die Kreise unterhalb vom Pferdeleib zu machen und das Bein nicht seitlich herauszuziehen.

> **Mein Pferd mag diese Übung nicht**
> ‣ Streichen Sie es am ganzen Körper einschließlich Hinterbeinen und Hufen mit der Gerte ab.
> ‣ Vereinfachen Sie die Übung: Lassen Sie das Pferd das Bein anheben, ohne es festhalten zu wollen.
> ‣ Lassen Sie jemand anderen das diagonale Vorderbein oder das andere Hinterbein mit der Gerte abstreichen.
> ‣ Lassen Sie das Pferd das Bein anheben und halten Sie es vorsichtig ein paar Augenblicke in der Schwebe, bevor Sie es wieder absetzen.
> ‣ Versuchen Sie das Bein von der anderen Seite aus anzuheben.
> ‣ Versuchen Sie es zuerst mit Beinkreisen vorn (S. 122).
> ‣ Arbeiten Sie am Schweif (S. 130 + 131).
> ‣ Lassen Sie es an der Hand rückwärts treten.
> ‣ Führen Sie es über unterschiedliche Böden.
> ‣ Versuchen Sie die anderen Übungen für Rücken und Hinterhand.
> ‣ Stellen Sie das Pferd zwischen zwei Bodenstangen; das erleichtert es ihm, das Gleichgewicht zu halten.

Das Labyrinth

Das Labyrinth wirkt der Einseitigkeit entgegen, verbessert Koordination und Geschmeidigkeit und aktiviert die Hinterhand. Das Pferd soll lernen, langsam zwischen den Stangen hindurchzugehen und vor jeder Wendung anzuhalten. Pferde mit Gleichgewichtsproblemen neigen dazu, die Übung in aller Eile zu absolvieren. Mit einer Gerte in der äußeren Hand können Sie dem Pferd das Signal zum Antreten oder Anhalten geben. Im britischen Reha-Zentrum für Vollblüter ist diese Übung sehr beliebt, weil sie auf ehemalige Rennpferde sehr entspannend wirkt. Sie ist perfekt zugeschnitten auf Besitzer mit wenig Zeit und Pferde, die nicht voll gearbeitet werden sollen. Sie kann allein ausgeführt werden oder mit einem Helfer, und das Labyrinth kann auf einer Wiese oder in der Reithalle ausgelegt werden, sogar auf dem Weg zur Koppel, sodass Sie das Pferd jedes Mal, wenn Sie es auf die Koppel bringen oder zurückholen, im Labyrinth arbeiten können.

> **Diese Übung hilft Pferden, die …**
> ‣ scheuen
> ‣ Angst vor Stangen oder Straßenmarkierungen haben
> ‣ enge Durchgänge überstürzt passieren
> ‣ sich leicht ablenken lassen
> ‣ an der Hand drängeln

▸ Das Labyrinth besteht aus sechs 4 m langen Stangen, die wie links zu sehen am Boden ausgelegt werden. Der Abstand zwischen den Stangen hängt von der Größe und dem Gleichgewicht des Pferdes ab. Für den Anfang empfiehlt sich ein Abstand von ca. 1,20 m.

▸ Wenn Sie allein sind, führen Sie das Pferd am besten von links; das ist für beide Partner wahrscheinlich einfacher. Bei Pferden, deren Gleichgewicht gestört ist oder die drängeln, wenden Sie die Brieftaube (S. 116) an. Bleiben Sie immer vor der Nasenlinie des Pferdes, während Sie es langsam durch das Labyrinth führen, und halten Sie vor jeder Wendung an. Die Gerte dient als Verlängerung des Arms und hilft, dem Pferd den Weg zu zeigen. Gelegentlich müssen Sie vielleicht über die Stange treten, um dem Pferd Platz zum Wenden zu lassen. Als Vorbereitung zum Anhalten zupfen Sie leicht am Führstrick und führen die Gerte zurück in Richtung Pferdebrust. Gleichzeitig mit dem Stimmkommando „Whoooa" oder „Haaalt" halten Sie die Gerte quer vor die Brust und tippen den Bug auf der anderen Seite an. Dadurch fällt es dem Pferd leichter, gerade anzuhalten. Streichen Sie mit der Gerte die Halsunterseite ab, die Brust und die Vorderbeine hinunter, damit das Pferd sein Gleichgewicht im Halten findet und sich nicht verspannt.

▸ Kommt das Pferd beim ersten Mal nicht zum Halten oder fürchtet sich vor den Stangen, führen Sie es über die Stangen hinaus und versuchen es noch einmal. Zum Antreten zupfen Sie leicht am Führstrick und machen mit der Gerte eine einladende Vorwärtsbewegung in die Richtung, in die es gehen soll. Geben Sie das entsprechende Stimmkommando und lassen Sie ihm Zeit, die Information zu verarbeiten. Das Pferd muss das Kommando hören, verstehen und dann darauf reagieren.

▸ Führen Sie das Pferd aus beiden Richtungen durchs Labyrinth und achten Sie darauf, wie es sich in den Wendungen verhält. Ein Pferd mit gestörtem Gleichgewicht oder Problemen beim Untertreten bleibt anfangs in der Wendung vielleicht mit den Hinterbeinen hinter der Stange „stecken" oder trappelt auf der Stelle, anstatt überzutreten. Vielleicht fällt ihm die Wendung auch zur einen Seite leichter als zur anderen. Arbeiten Sie präzise. Es ist wichtig, dass Sie nicht zu eilig vorgehen oder das Pferd überfordern.

Das Labyrinth verbessert die Konzentrationsfähigkeit und beruhigt innerhalb kurzer Zeit.

▸ Bodenübungen können für alle Beteiligten körperlich und geistig anstrengend sein – mehrere kurze Übungen sind oft wirkungsvoller als eine lange. Um keine Langeweile aufkommen zu lassen, setzen Sie das Labyrinth auf verschiedene Weise ein. Lassen Sie das Pferd über die Stangen treten oder halten Sie an und „TTouchen" Sie das Pferd. Wenn es sich im Stall mit den TTouches nur

Sie können das Pferd auch über die Stangen führen.

schwer entspannen konnte, wird es nach einigen Durchgängen durch das Labyrinth vielleicht ruhiger und kann sich besser konzentrieren. Möglicherweise fällt es ihm mit den Stangen als visueller Stütze zu beiden Seiten auch leichter, im Gleichgewicht stehen zu bleiben.

Weitere Vorteile des Labyrinths

Das Labyrinth kann eventuelle Ängste Ihres Pferdes zum Vorschein bringen. Wenn man junge Pferde oder Korrekturpferde gesattelt durch das Labyrinth führt, fühlt sich der Sattel für sie auf einmal vollständig anders an. Jedes Stück Ausrüstung verändert das Gleichgewichtsgefühl des Pferdes. Es kann vorkommen, dass ein Pferd, das den Sattel anscheinend bereits gut akzeptiert hat, wie angewurzelt stehen bleibt, wenn es mit Sattel durchs Labyrinth geführt werden soll, auch wenn es die Übung ohne Sattel vorher problemlos bewältigt hat.

Mein Pferd mag diese Übung nicht

▸ Legen Sie für den Anfang zwei Stangen in weitem Abstand und führen Sie das Pferd dazwischen hindurch.
▸ Dann wiederholen Sie die Übung, lassen das Pferd aber in der Mitte anhalten.
▸ Wenden Sie es am Ende des Durchgangs nach links oder rechts ab, sodass es sich um das Stangenende biegen muss.
▸ Versuchen Sie die Zickzack-Übung (S. 111).
▸ Öffnen Sie das Labyrinth: mehr Platz, weniger Wendungen.

Druck auf die Pferdehüfte

Diese Übung erfolgt nach den gleichen Prinzipien wie das Schulterdrücken (S. 126-127). Sie dient dazu, die Hinterhand des Pferdes zu aktivieren und es dazu zu bringen, im ganzen Körper nachzugeben.

Diese Übung hilft ...

▸ beim Geraderichten des Pferdes
▸ beim Erlernen der Seitengänge
▸ bei Taktstörungen
▸ bei Gleichgewichts- und Koordinationsproblemen

Die Person zu Fuß beginnt die Übung am besten auf der linken Seite des Pferdes, da dies dem Pferd wahrscheinlich vertrauter ist. Bleiben Sie auf der Innenseite und legen Sie die Hand auf die Lendenpartie. Achten Sie auf Ihre Haltung und drücken Sie nun das Pferd ein paar Schritte lang von sich weg.

Üben Sie an verschiedenen Stellen Druck auf die Rippen aus.

▸ Halten Sie den Kontakt und lassen Sie den Druck langsam nach, ohne dass die Verbindung zu Hand und Körper abbricht. Währenddessen sollten Sie unter Ihrer Hand eine Woge der Kraft spüren, und das Pferd sollte die Schritte verlängern. Der Reiter sollte die gleiche Woge spüren, und gleichzeitig sollte der Rücken sich heben. Ein paar Mal wiederholen und dann die Seite wechseln. Die gleiche Wirkung erzielen Sie auch, wenn Sie auf die Hüfte oder an verschiedenen Punkten gegen die Rippen drücken.

Rippen, Bauch und Flanken

Viele Pferde haben Verspannungen im Rippen-, Bauch- und Flankenbereich. Dies hängt oft mit einem festen Rücken zusammen, kann aber auch die Folge eines Unfalls sein. Weitere Faktoren können Stress sein, ein zu stramm angezogener Gurt oder ein unpassender Sattel. Wenn es gelingt, die Bauchgegend zu entspannen, verbessern sich Gleichgewicht, Seitengänge und Verdauung, und das Pferd kann wieder tief und gleichmäßig durchatmen.

Rippen lösen

Mit dieser Übung lässt sich die Beweglichkeit von Rumpf und Rücken verbessern. Verspannungen werden beseitigt und eine etwaige Einseitigkeit behoben.

▸ Stellen Sie sich links neben das Pferd, die Füße leicht auseinander, die rechte Hand auf der Schweifwurzel, die linke kurz nach der Schulter auf der oberen Rippenwölbung. Drehen Sie den Oberkörper langsam nach rechts. Dadurch ziehen Sie die Hinterhand des Pferdes etwas zu sich heran, während Sie die Rippen leicht von sich weg-

Legen Sie von links die rechte Hand oben auf die Schweifrübe und die linke Hand auf die obere Rippenwölbung.

drücken. Halten Sie die Position ein paar Sekunden und drehen Sie sich dann langsam wieder nach links. Bei dieser Übung ist das Nachlassen der wichtigste Teil. Lassen Sie die linke Hand langsam den Brustkorb entlanggleiten und arbeiten Sie sich bis zur letzten Rippe vor.

▸ Eine kleine Bewegung genügt. Wenn Sie zu viel Biegung fordern, weicht das Pferd zur Seite aus. Achten Sie darauf, ob ihm die Übung auf einer Seite leichter fällt oder ob es Stellen an den Rippen gibt, die sich blockiert anfühlen.

Bauch heben

Das Bauchanheben trägt dazu bei, dass das Pferd sich im Rippen-, Bauch- und Rückenbereich loslässt. Es ist eine gute Vorbereitung auf das erstmalige Anlegen eines Bauch- oder Sattelgurts.

> **Diese Übung ...**
> ▸ unterstützt das tiefe Durchatmen
> ▸ fördert die Entspannung
> ▸ hilft, wenn Pferde beim Satteln die Luft anhalten oder sich aufblasen

▸ Sie brauchen eine lange, breite elastische Bandage. Die Übung können Sie allein oder mit einem Helfer ausführen. Lässt Ihr Pferd sich nicht gern am Bauch berühren, brauchen Sie noch jemanden, der es am Kopf hält.

▸ Ziehen Sie die Bandage unter dem Pferdebauch durch, sodass die Enden oben auf dem Rücken liegen. Begin-

Beginnen Sie mit dem Anheben im Gurtbereich.

Gehen Sie so weit nach hinten, wie es dem Pferd noch angenehm ist.

nen Sie mit dem Anheben im Gurtbereich. Halten Sie ein Ende nahe der Wirbelsäule fest und ziehen das andere (das auf Ihrer Seite) leicht an. Dabei zählen Sie bis vier und halten dann das Ende, wieder bis vier, fest. Nun lassen Sie langsam – bis acht zählen – wieder nach. Das Nachlassen ist der wichtigste Teil der Übung. Ziehen Sie das Band nicht zu fest um den Bauch – die beste Wirkung erzielen Sie, wenn das Band Bauch und Rippen einfach nur berührt. Wenn eine zweite Person das andere Ende hält, experimentieren Sie damit, einmal gleichzeitig und einmal abwechselnd nachzulassen.

▸ Verschieben Sie das Band mit beiden Händen jeweils um ca. 5 cm nach hinten und wiederholen Sie die Übung. Achten Sie auf Zeichen von Angst und Unruhe.

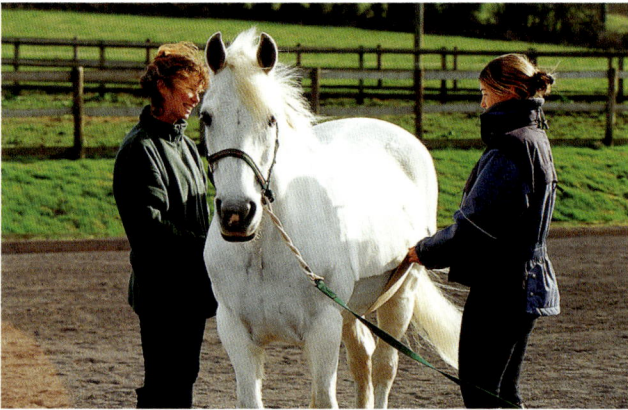

Probieren Sie aus, das Band gleichzeitig oder wechselseitig nachzulassen.

Zu seiner Beruhigung darf das Pferd zusehen, was geschieht.

> **Mein Pferd mag diese Übung nicht**
> ▸ Halten Sie das Band nur fest, ohne es anzuheben.
> ▸ Machen Sie die Bewegungen ganz langsam.
> ▸ Stellen Sie sich auf die andere Seite, wenn Sie allein arbeiten.

Der Stern

Die TTEAM-Übung bringt das Pferd dazu, sich in den Rippen zu öffnen und sich zu biegen. Es lernt, den Kopf zu senken und den Rücken anzuheben.

Diese Übung hilft ...
▸ gegen Steifheiten
▸ bei schleppender Hinterhand oder Ausfallen über die Schulter
▸ Pferden, im ganzen Körper locker zu werden und nachzugeben
▸ die Auge-Huf-Koordination zu verbessern

▸ Die Stangen werden, mit einem Ende auf einem Block, fächerförmig ausgelegt. Führen Sie das Pferd am tiefsten Punkt über die Stangen. Bleiben Sie auf Kopfhöhe und zeigen Sie ihm mit der Gerte, wohin es gehen soll. Für Fortgeschrittene besteht die Übung darin, dass das Pferd über die Stangenmitte tritt, während Sie ihm um eine Stange vorausgehen.

Führen Sie das Pferd am tiefsten Punkt über die Stangen.

Arbeiten Sie auf beiden Händen und in beide Richtungen.

Mein Pferd mag diese Übung nicht
▸ Legen Sie die Stangen flach auf den Boden.
▸ Nehmen Sie weniger Stangen.
▸ Gehen Sie das „S" (S. 118), damit es sich in Hals und Rücken loslässt.
▸ Arbeiten Sie über die Zickzack-Stangen (S. 111) und durchs Labyrinth (S. 132).

Hüftrotation

Ihr Pferd profitiert davon, wenn Sie sich vom Becken aus drehen können. Und Ihnen hilft es, schlechte Angewohnheiten wie Einknicken in der Hüfte oder schiefe Schultern abzustellen. Die Übung ist Teil der Connected Riding-Technik und hat eine unglaublich starke Wirkung auf das Pferd.

Mit dieser Übung ...
▸ fällt es dem Pferd leichter, sich in Rumpf und Rücken loszulassen
▸ verbessern sich Gleichgewicht und Koordination des Pferdes
▸ wird das Pferd durchlässig vom Genick bis zu den Hinterbeinen

▸ Suchen Sie die neutrale Beckenstellung (S. 86) und drehen Sie sich langsam ein wenig von einer Seite zur anderen. Wichtig ist, dass die Drehbewegung im Becken stattfindet und Sie nicht einfach nur den Oberkörper drehen. Bei einer Rotation aus der Hüfte heraus verschieben sich die Schenkel leicht, bei einem Drehen des Oberkörpers bleiben sie unbeeinflusst. Drehen Sie sich nach links, wenn Sie das Pferd in einer Linksbewegung unterstützen wollen, und nach rechts, wenn es um eine Biegung nach rechts geht.

Mein Pferd mag diese Übung nicht
Achten Sie auf Ihre Haltung und
▸ auf Ihre Hände und Handgelenke. Das Pferd darf nicht mit der Hand in die Bewegung gezogen werden.
▸ machen Sie die Bewegung kleiner.
▸ denken Sie daran, bei jedem Schritt nach vorn zu fließen (S. 89).
▸ führen Sie das Pferd durch das „S", bevor Sie aufsitzen.

Der Schweif

Der Schweif ist ein weiterer Bereich, der sehr wenig Beachtung findet, obwohl er die Bewegung im ganzen Körper beeinflussen kann.

Schweifarbeit

Mit Schweifarbeit kann man die Aktion der Hinterhand verbessern. Auch bei Pferden, die gern ausschlagen, ist er sehr nützlich, aber VORSICHT!

Das Haargleiten und das Lockern der Schweifwirbel gehören zur Schweifarbeit (weitere Übungen siehe S. 130/131).

> **Mit dieser Übung können Sie ...**
> ▸ ein Pferd beruhigen
> ▸ es an Berührungen am Schweif gewöhnen
> ▸ eine Stute auf den Deckakt vorbereiten

Haargleiten: Stellen Sie sich seitlich neben das Pferd, mit Blickrichtung zum Schweif. Von links legen Sie die linke Hand auf die Hüfte oder die Hinterhand und lassen vorsichtig Strähne für Strähne die Schweifhaare durch die Finger der rechten Hand gleiten. Dies wirkt beruhigend.

▸ Hat das Pferd sich beruhigt, können Sie sich dahinter aufstellen. Die Füße stehen hüftbreit auseinander, und Sie ergreifen mit jeder Hand je eine Haarsträhne rechts und links am Schweifansatz. Lassen Sie die Strähnen abwechselnd durch die Finger gleiten und verlagern Sie dabei das Gewicht jeweils auf den linken bzw. rechten Fuß.

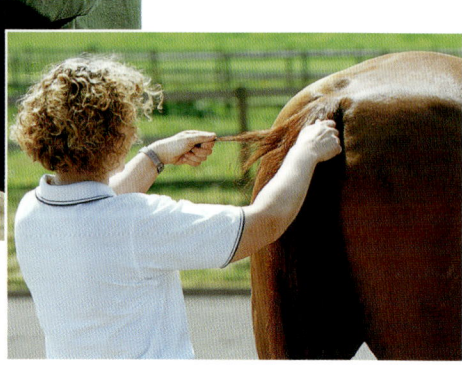

Schweifwirbel lockern: Damit wird die Schweifrübe beweglich, und die Seitengänge verbessern sich ebenso wie Koordination, Dynamik und Gleichgewicht. Stellen Sie sich hinter das Pferd, legen Sie beide Hände am Ansatz unter die Schweifrübe – mit den Daumen obenauf – und drücken Sie den Schweif nach oben. Ertasten Sie die Schweifwirbel mit den Fingern und kippen Sie diese zwischen Fingern und Daumen einzeln und mit großer Vorsicht von oben nach unten vor und zurück.

Den Schweif von unten stützen, Daumen obenauf, ...

... und die Wirbel einzeln mit Gefühl vor und zurück kippen.

> **Mein Pferd mag diese Übung nicht**
> ▸ Streichen Sie Rücken, Bauch und Hinterhand mit der Gerte ab.
> ▸ Streichen Sie mit der Gerte über den Schweif und heben Sie einzelne Strähnen ab, bis das Pferd sich entspannt.
> ▸ Wolkenleopard-TTouch (S. 94) auf dem Rücken, der Hinterhand und auf der Oberseite der Schweifrübe.
> ▸ Lassen Sie sich Zeit. Manchmal braucht es mehrere Anläufe, bis ein Pferd den Schweif loslässt.
> ▸ Wird das Pferd an irgendeinem Punkt unruhig, gehen Sie so weit zurück, wie es dem Pferd noch angenehm war, und arbeiten Sie sich langsam bis zur Problemzone vor.

Stellen Sie sich seitlich oder, bei einem sicheren Pferd, hinters Pferd und streichen Sie Strähne um Strähne mit beiden Händen aus.

Beine

Vermehrte Blutzufuhr zu den Gliedmaßen und Bewegung vermindert das Risiko einer Verletzung. Gleichzeitig verbessert sich das Gleichgewicht und damit die Leistung des Pferdes. Wenn es daran gewöhnt ist, an den Beinen angefasst zu werden, können Sie Verletzungen und leichte Veränderungen besser ertasten und leichter behandeln.

Python-TTouch

Diese TTEAM-Übung verbessert die Durchblutung, fördert die gleichmäßige Gewichtsverteilung auf alle vier Beine und hilft, wenn Pferde sich nicht gern an den Beinen anfassen lassen.

Der Python-TTouch fördert die Blutzufuhr zum Huf.

> **Diese Übung hilft …**
> ▸ wenn Pferde oft stolpern
> ▸ gegen angelaufene Beine
> ▸ bei Nervosität
> ▸ als Vorbereitung auf den Hufschmied
> ▸ nach langen Transport- oder Stehzeiten

▸ Umfassen Sie das Bein mit beiden Händen und verschieben Sie – mit genügend Druck, um das Bindegewebe zu stützen – die Haut langsam und vorsichtig nach oben. Erzwingen Sie nichts und verschieben Sie die Haut auch nicht bis zum Äußersten. Halten Sie vier Sekunden lang und lassen Sie die Haut langsam – in der doppelten Zeit wie aufwärts – zum Ausgangspunkt zurückgleiten.

▸ Lassen Sie die Hände ca. 5 cm über das Fell nach unten gleiten und wiederholen Sie die Übung. Arbeiten Sie sich so weit nach unten wie möglich. Wenn Sie sich nicht sicher sind, wie das Pferd reagiert, bleiben Sie lieber stehen, anstatt in die Hocke zu gehen. Balancieren Sie in der Hocke auf den Fußballen; so sind Sie besser im Gleichgewicht und können sich notfalls schneller bewegen. Verhält das Pferd sich ruhig, arbeiten Sie sich von oben hinunter bis zum Fesselgelenk. Sie können diese Hebebewegung auch an anderen Körperpartien ausführen: Die Haut mit der Handfläche sanft nach oben verschieben und ganz langsam wieder nach unten absinken lassen.

Umschließen Sie das Bein mit beiden Händen.

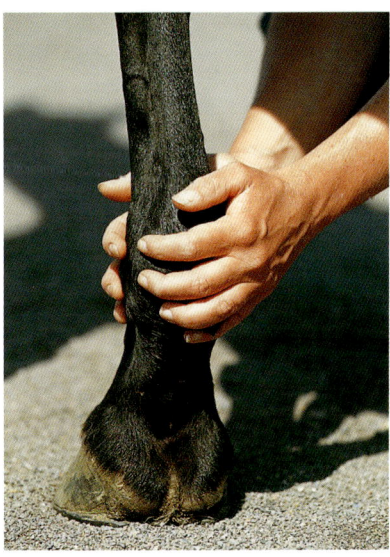

Arbeiten Sie abwärts bis zum Fesselgelenk und halten Sie dieses zum Abschluss einen Augenblick.

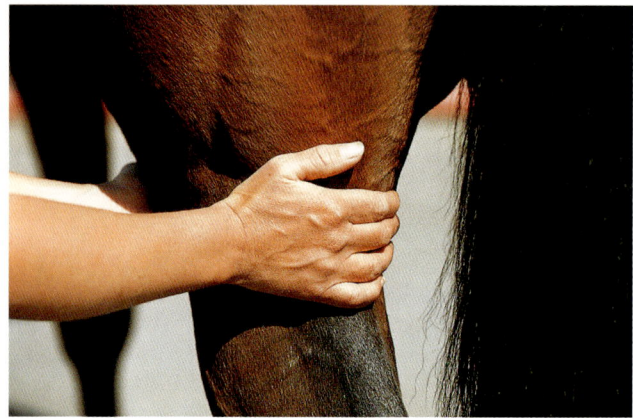

Fangen Sie am Hinterbein so weit oben wie möglich an.

Jack – Teil II

Jacks bizarre Art zu koppen ist wahrscheinlich auf die Beschädigung zurückzuführen, die er im Genick erlitt, als er mit dem Traktor auf den Hänger gezogen wurde.

(Fortsetzung von S. 53) Tina, meine Assistentin, und ich wollten bei Jack den Schwerpunkt auf Körperarbeit legen. Deshalb zeigten wir Michelle den Ohren-TTouch (S. 104) gegen Stress und den Python-TTouch die Unterseite des Halses hinunter, um die Verspannungen zu lösen, die Jack in diesem Bereich unweigerlich aufwies. Eine tierärztliche Untersuchung hatte keine Lösung für Jacks Probleme erbracht, aber selbst im Falle eines möglichen körperlichen Problems im Kehlbereich würde ihm die Arbeit gut tun.

Mit TTouches im Genick vermittelte Michelle dem Wallach eine neue Erfahrung. Während dieser Arbeit zog Jack seine Zunge ein. Es fiel ihm ungeheuer schwer, ruhig stehen zu bleiben, deshalb machten wir ein wenig Bodenarbeit und erweiterten die Übungen um Schweifarbeit (S. 130 und 138) und andere TTouches, um ihm mehr Verbindung im ganzen Körper zu vermitteln. Außerdem konnten wir einen breiteren Sattel organisieren, damit die Rückenmuskulatur mehr Spielraum hatte und sich besser entwickeln konnte. Zurück im Paddock zeigte sich bei Jack bereits eine deutliche Veränderung: Er ging nicht mehr geradewegs zur Koppelstange und fing an zu koppen. Genau genommen koppte er fast überhaupt nicht mehr. Immer wenn er Anstalten dazu machte, ging Michelle hin zu ihm und machte Python-TTouches die Halsunterseite hinunter.

Im nächsten Jahr kamen wir zusammen mit Dan Hammond, einem Dressurreiter und Ausbilder, zu einem dreitägigen Kurs nach Zypern zurück. Zu meiner Freude hatte auch Michelle sich für den Kurs eingetragen, und ich fragte sie, was aus dem Pferd mit dem seltsamen Verhalten geworden war. Ich hatte mich bei unserer Ankunft rasch auf den Koppeln umgesehen, ihn aber nirgends entdecken können. Michelle zeigte auf einen hübschen kleinen Braunen mit wachen Augen, der ruhig für sich am Zaun stand. Er war nicht mehr wiederzuerkennen. Sein ganzer Umriss war verändert, der Rücken war gut bemuskelt, und das Pferd war total entspannt – so entspannt, dass es fast schlief. Wie Michelle erzählte, war die Veränderung nicht nur körperlicher Natur. Sie konnte Jack beruhigt allein lassen, sie konnte ihn angebunden stehen lassen, ohne dass er unruhig wurde, und ihn zum Satteln in den Stall bringen. Vor allem aber zeigte sich sein seltsames Benehmen nur noch unmittelbar nach dem Fressen und auch dann nur für ganz kurze Zeit. Unter dem Reiter lässt er allerdings immer noch die Zunge herausthängen, und genau betrachtet bewegen sich Kopf und Gliedmaßen immer noch einigermaßen ungewöhnlich, aber er ist glücklich, geht vorwärts und hat Freude am Leben.

Abstreichen mit der Gerte

Bei vielen Pferden, die Angst vor der Gerte haben, findet sich auch generell ein Mangel an räumlicher Vorstellung. Durch das Abstreichen mit der Gerte an den Beinen kann man ihnen mehr Verbindung im ganzen Körper vermitteln, sie mehr „erden" und ihre Konzentration verbessern. Die Übung macht außerdem nervöse Pferde ruhiger und gelassener.

Diese Übung hilft ...
- Pferden, das Stillstehen zu lernen
- Pferden, sich effektiver zu bewegen
- gegen häufiges Stolpern
- wenn Pferde eine Stange immer mit demselben Huf berühren
- gegen Berührungsängste
- der sensorischen Integration (S. 14)

… und an den Hinterbeinen.

Durch das Abstreichen mit der Gerte gewöhnt sich das Pferd an die Berührung an beiden Vorderbeinen …

- Nehmen Sie Führleine oder –strick in die eine und die Gerte in die andere Hand. Streichen Sie dem Pferd mit der Gerte einige Male über die Brust und dann die Vorderbeine hinunter. Streichen Sie die Bauchunterseite ab und, wenn das Pferd ruhig bleibt, die Hinterbeine hinunter. Lassen Sie die Bewegung aus den Füßen kommen und achten Sie darauf, die Gerte nicht zu fest zu umklammern. Wenn Sie sich verkrampfen oder die Finger steif machen, kann sich dies für das Pferd unangenehm anfühlen. Streichen Sie so fest, dass die Gerte sich leicht biegt. Eine allzu leichte Berührung könnte das Pferd kitzeln. Beobachten Sie jede Reaktion des Pferdes und vergessen Sie nicht zu atmen. Das Pferd soll ruhig stehen, aber nicht erstarren (S. 18).

Mein Pferd mag diese Übung nicht
- Drehen Sie die Gerte um, sodass sie kürzer wirkt.
- Fangen Sie mit einer kurzen Springgerte oder einem Stöckchen an.
- Streichen Sie das Pferd probeweise an anderen Partien ab, bevor Sie die Beine abstreichen.

Stangenarbeit an der Hand

Wenn ein Pferd mit in verschiedenen Mustern ausgelegten Stangen zurechtkommt, entwickeln sich Takt und Gleichgewicht, der Gang verbessert sich.

Stellen Sie das Pferd vor der Stange auf.

Mit dieser Übung …

▸ lernt ein Pferd, geschlossen zu halten
▸ lernt es Konzentration
▸ werden nervöse Pferde ruhig
▸ werden Leichtigkeit und Dynamik gefördert
▸ lernen Pferd wie Führperson Präzision
▸ lassen sich gewohnheitsmäßige Bewegungen verändern

▸ Um bei der Signalgebung am Kopf so subtil wie möglich vorgehen zu können, empfiehlt sich die Verwendung der TTEAM-Führleine.

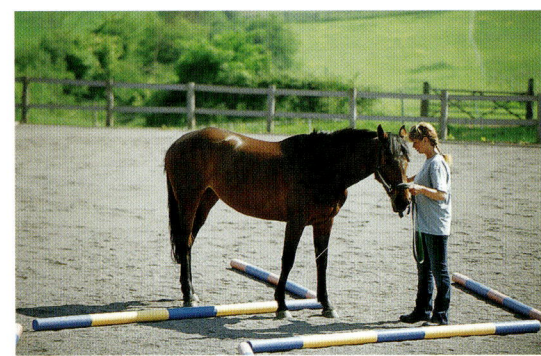
Lassen Sie es mit den Vorderbeinen über die Stange treten und dann anhalten.

▸ Stellen Sie das Pferd vor einer Stange am Boden auf. Laden Sie es mit der Gerte zum Vorwärtsgehen ein, und wenn es mit dem zweiten Vorderbein über die Stange getreten ist, halten Sie ihm die Gerte quer vor die Brust und machen eine Vierteldrehung in seine Richtung, sodass es anhält. Wenn dieser Teil der Übung gut gelingt, lassen Sie das Pferd weiter gehen und auch mit den Hinterbeinen über die Stange treten. Das nächste Mal halten Sie wieder vor der Stange an und lassen das Pferd ein Vorderbein über die Stange setzen. Nun können Sie das Pferd entweder auffordern, das Bein wieder zurückzunehmen oder mit dem zweiten Bein ebenfalls über die Stange zu treten.

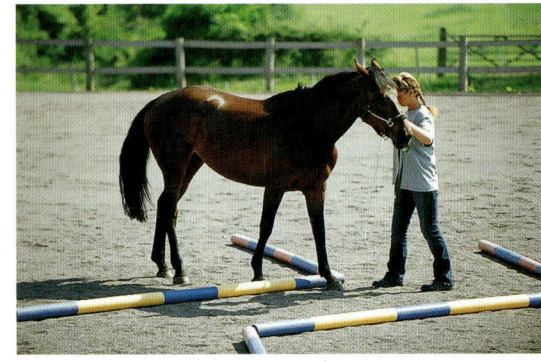
Lassen Sie es nur mit einem Vorderbein über die Stange treten.

▸ Achten Sie darauf, ob das Pferd immer mit demselben Fuß zuerst über die Stange tritt, und wenn ja, versuchen Sie das Muster zu durchbrechen. Zum besseren Verständnis streichen Sie mit der Gerte das Bein hinunter, das angehoben werden soll, oder klopfen an den jeweiligen Huf. Der Schlüssel zum Erfolg heißt Präzision. Es kann einige Zeit dauern, bis Pferd und Führperson diese Übung wirklich beherrschen.

Mein Pferd mag diese Übung nicht

▸ Führen Sie es ohne anzuhalten über eine Stange.
▸ Halten Sie die Übung kurz und abwechslungsreich.
▸ Bringen Sie ihm ohne Stange bei, jeweils ein Bein anzuheben.
▸ Ziehen Sie das Pferd nicht aus dem Gleichgewicht.

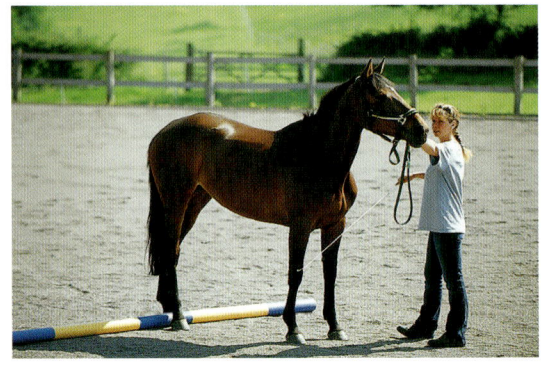
Versuchen Sie das Gleiche mit einem Hinterbein.

Lassen Sie es mit dem anderen Vorderbein zuerst über die Stange treten, um gewohnheitsmäßige Bewegungsmuster zu durchbrechen.

Stangenarbeit unter dem Reiter

Die Arbeit über verschieden ausgelegte Bodenstangen fördert das Selbstvertrauen und die Selbsthaltung des Pferdes. Wenn das Pferd keine Stangenarbeit kennt oder sich davor fürchtet, eine Stange zu berühren, machen Sie die Übungen zuerst an der Hand.

Das Reiten über Stangen oder innerhalb von ausgelegten Stangen verbessert die Auge-Huf-Koordination, die Konzentration und das Gleichgewicht.

Hufe

Die meisten Pferde sind daran gewöhnt, die Hufe nur beim Hufschmied oder zum Auskratzen hoch zu heben. Pferde, die nervös werden, wenn man sich an ihren Hufen zu schaffen macht, befinden sich oft gewohnheitsmäßig im Fluchtreflex (siehe S. 18).

TTouches

Wolkenleopard- und Waschbär-TTouches (S. 94-95) am Kronenrand, an der Hufwand und der Hufsohle machen dem Pferd seine Füße besser bewusst. Es lernt, auf eine Berührung am Huf nicht reflexhaft den Fuß anzuheben. Die Übung ist sehr hilfreich für Pferde, die oft stolpern oder längere Zeit Boxenruhe einhalten müssen.

> **Diese Übung hilft …**
> - nervösen Pferden, ruhiger zu werden
> - junge Pferde auf den Hufschmied vorzubreiten
> - ein Pferd daran zu gewöhnen, sich die Hufe abwaschen oder abbürsten zu lassen.

▸ Beginnen Sie an den Vorderbeinen und denken Sie daran, im Gleichgewicht zu stehen, damit Sie notfalls zur Seite springen können. Fangen Sie auf der linken Seite an und streichen Sie zur Vorbereitung mit dem Handrücken das Röhrbein hinunter, damit das Pferd nicht erschrickt. Machen Sie mit den Fingerspitzen Eineinviertel-Kreise rund um den Kronenrand und die Hufwand. Da die Haut am Kronenrand wenig elastisch ist und Hufwand und Sohle sich nicht bewegen lassen, ist es wichtig, dass Sie die Fingerspitzen abrollen, um die Kreisbewegung zu erzeugen. Dann heben Sie den Fuß an und arbeiten am Strahl und an der Sohle.

TTouches um den Kronenrand fördern das Bewusstsein und wirken auf die Ting-Punkte (S. 72).

Mein Pferd mag diese Übung nicht

▸ Machen Sie Kreise oder Python-TTouches an der Schulter oder der Hinterhand und arbeiten Sie sich langsam das Bein hinunter. Wird es irgendwann unruhig, gehen Sie zurück zu dem Punkt, an dem die Berührung noch angenehm war, und beginnen Sie von vorn.

▸ Streichen Sie die Beine mit der Gerte ab und klopfen Sie mit dem Gertenknauf leicht an die Hufe.

▸ Machen Sie mit einem feinen Malpinsel oder einer sauberen Hufbürste Kreisbewegungen auf dem Kronenrand.

▸ Tragen Sie einen Handschuh oder einen Fäustling.

Versuchen Sie es mit Kreisen oder Python-TTouches die Hinterhand hinunter.

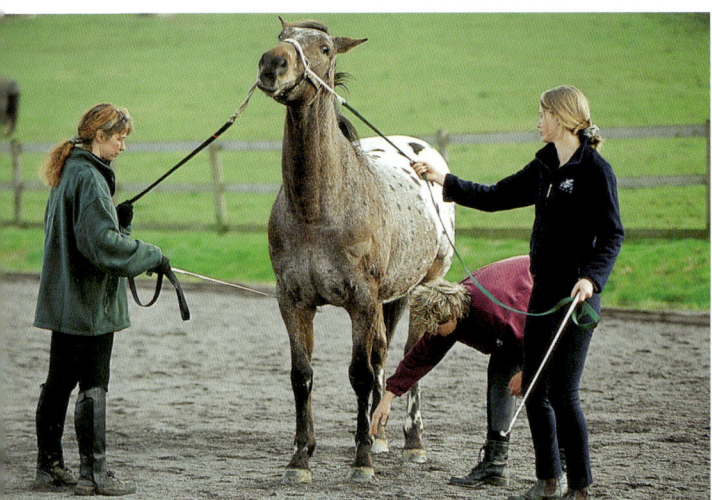

Harley lässt sich nicht gern an den Beinen berühren. Die Berührung mit dem Handrücken wird von Pferden, die sich nicht gern anfassen lassen, leichter toleriert.

Als die Übungen in Einzelschritte aufgegliedert werden, fasst Harley schneller und leichter Vertrauen.

Verschiedene Bodenbeläge

Es hat viele Vorteile, wenn ein Pferd gelernt hat, über verschiedenartige Bodenbeläge zu gehen. Selbstvertrauen und Selbstdisziplin werden gestärkt, und die Verbindung vom Gehirn zum Körper wird verbessert.

Diese Übung hilft…

▸ nervöse Pferde zu beruhigen
▸ bei Verladeproblemen
▸ Vertrauen aufzubauen
▸ wenn Pferde vor Gegenständen am Boden scheuen

Es geht nicht darum, das Pferd zu zwingen, über verschiedene Böden zu gehen, oder es zu strafen, wenn es sich weigert. Es ist ein großer Unterschied, ob man einem Pferd zeigt, wie es die Übung ausführen kann, oder ob man es dazu bringt, sie auszuführen. Mit viel Zeit und Geduld und indem Sie sorgfältig auf die Reaktionen des Pferdes achten, können Sie ihm in wenigen Übungseinheiten beibringen, ruhig und sicher über die verschiedensten Bodenbeläge zu gehen.

Plastikplanen: Dazu brauchen Sie die TTEAM-Führleine und die Gerte. Legen Sie zwei Plastikplanen zu einem weit offenen V auf den Boden (rechts) und führen Sie das Pferd einfach außen vorbei. Es ist sehr wichtig, dass sich die Plane nicht etwa im Wind bewegt und das Pferd erschreckt.

▸ Denken Sie daran, dass Pferde Veränderungen visuell weit stärker wahrnehmen als die meisten Menschen. Wenn es gelingt, das Pferd ruhig um die Planen herumzuführen, halten Sie davor an und führen es durch die Öffnung.

▸ Wiederholen Sie den Schritt und lassen Sie das Pferd auf der anderen Seite anhalten. Gelingt Ihnen dies nicht, bedeutet dies, dass das Pferd immer noch eine gewisse Unruhe verspürt. In diesem Fall gehen Sie wieder ein paar Schritte zurück, bis es sich beruhigt hat. Dann führen Sie es wieder zu der Öffnung und halten zwischen den Planen an. Streichen Sie die Beine ab und lassen Sie das Pferd die Planen anschauen. Nun führen Sie es ganz durch die Öffnung hindurch. Bleibt es ruhig, führen Sie es erneut hindurch, gehen diesmal aber selbst über die Plastikplane, um es an das Geräusch zu gewöhnen.

▶ Nun schieben Sie die Planen etwas enger zusammen, führen es wieder hindurch und wiederholen die einzelnen Schritte. Die Planen werden allmählich immer enger

zusammengeschoben, bis sie sich fast berühren. Bleibt das Pferd auch dabei ruhig, führen Sie es auf die Plane und lassen es darauf anhalten.

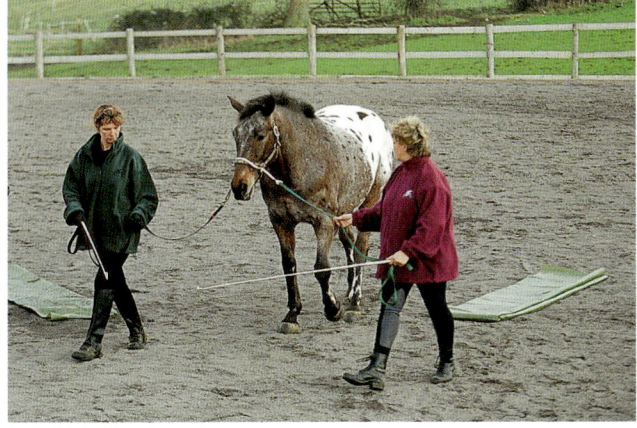

Führen Sie das Pferd ruhig durch das V.

Schieben Sie die Flügel des V allmählich enger zusammen.

Gehen Sie über die Plastikplane, damit es sich an das Geräusch gewöhnt.

Führen Sie das Pferd über die kürzere Seite.

Streichen Sie nach jeder Phase die Pferdebeine ab, damit das Pferd entspannt bleibt.

Stellen Sie das Pferd auf die Plastikplane und lassen Sie es dort stehen.

Planken und Matten: Wenn Sie das Pferd auch an andere Oberflächen gewöhnen wollen, führen Sie es zu Anfang an den Holzplanken oder der Matte vorbei und gehen Sie dann vor wie bei den Plastikplanen. Sie dürfen keinerlei Risiko eingehen, dass die Planken splittern oder durchbrechen könnten oder das Pferd etwa ausrutscht. Sobald es gelernt hat, ruhig auf eine erhöhte Plattform zu gehen, können Sie ihm beibringen, eine niedrige Wippe in Bewegung zu setzen.

Für die Wippe genügt eine einzige Übungseinheit, wenn die Übung in klare, einfache Schritte zerlegt wird.

Futter

Kleine Futtermengen, aus der Hand gefüttert oder auf den Planken, Planen oder Matten ausgelegt, können das Vertrauen des Pferdes stärken. Es darf allerdings nicht passieren, dass es die Plane mit hochnimmt und einen Schrecken bekommt. Das Futter ist nicht als Lockmittel gedacht, sondern soll dem Pferd helfen, schneller zu lernen. Das Fressen wirkt außerdem auf das parasympathische Nervensystem und beruhigt daher. Verwenden Sie kein Futter, wenn das Pferd danach schnappt oder sich darauf stürzt.

Willkürlich ausgelegte Stangen (Mikado)

Um die Aufmerksamkeit des Pferdes zu erhalten, sollten Sie die Stangen jedes Mal anders anordnen. Da das Pferd immer nachdenken muss, wohin es seine Füße setzt, werden Eigenwahrnehmung (S. 14) und Koordination gefördert. Es gewöhnt sich außerdem daran, Dinge um die Füße zu haben, und lernt, sich seinen Weg über umgestürzte Baumstämme oder Steine zu suchen.

Diese Übung hilft …
▶ gegen häufiges Stolpern
▶ wenn Pferde den Kopf zu hoch tragen
▶ Vertrauen aufzubauen
▶ gegen Eilen

▶ Mindestens sechs Stangen werden willkürlich flach auf dem Boden ausgelegt. Befestigen Sie die Führleine wie auf S. 100 erklärt und führen Sie das Pferd auf die Stangen zu. Halten Sie davor an und streichen Sie die Pferdebeine mit der Gerte ab. Um das Pferd aufmerksam zu machen, können Sie mit der Gerte auch gegen die Hufe oder die Stangen klopfen. Dann fordern Sie es auf, vorsichtig über die Stangen zu treten. Selbst das ungeschickteste Pferd wird, nachdem es einige Male über solche Stangen getreten ist, leichter auf den Füßen sein und seine Hufe mit größerer Präzision setzen.

Koordination und Vertrauen werden durch willkürlich ausgelegte Stangen verbessert. Toto sucht sich offensichtlich hoch konzentriert seinen Weg durch die Übung.

Mein Pferd mag diese Übung nicht
▶ Streichen Sie die Vorder- und Hinterbeine ab und klopfen Sie dabei jeweils an den Huf.
▶ Lassen Sie das Pferd mit den Vorderbeinen über eine einzelne Bodenstange treten und in dieser Stellung anhalten.
▶ Nun lassen Sie es ganz über die Stange treten und so anhalten, dass die Hinterbeine so nah wie möglich an der Stange stehen.
▶ Hat es sich an die Arbeit über eine Stange gewöhnt, fügen Sie nach und nach weitere Stangen zu.
▶ Anfangs die Stangen weit auseinander legen, den Schwierigkeitsgrad allmählich steigern.

Ganzheitliche Pflege und Haltung

Gebäude, Training, Entwicklung, Fütterung und Haltung tragen ebenso zur Gesundheit des Pferdes bei wie seine Körperhaltung. Dies entspricht der Sichtweise der Traditionellen chinesischen Medizin (TCM), für die optimale Gesundheit auf dem Gleichgewicht aller Systeme beruht. So ist es zwar sehr wichtig, eine korrekte Muskulatur und eine korrekt geschlossene Körperhaltung unter dem Reiter zu entwickeln, viele Probleme während der Ausbildung lassen sich aber auch dadurch verbessern, dass wir Veränderungen im Umgang und in der Haltung des Pferdes vornehmen.

Wenn wir bewusst darauf achten, wie das Pferd auf die Umwelt, in die wir es versetzt haben, reagiert, können wir ihm das Leben um Einiges erleichtern. Die Zeit im Sattel können wir dann dazu nützen, seine Ausbildung voranzubringen, anstatt Spannungsmuster, die wir ungewollt den Tag über aufgebaut haben, mühsam wieder abzubauen. Einfache Veränderungen in der Alltagsroutine können höchst erfolgreich in der Wirkung sein, und das Pferd wird nach relativ kurzer Zeit einfacher im Umgang und beständiger im Verhalten und in der Leistung.

Heunetze

Um Heu aus einem Heunetz zu fressen, muss das Pferd seine naturgemäße Haltung verändern. Pferde, die grasen oder Heu vom Boden fressen, halten beim Kauen Kopf und Hals gesenkt. So sitzen die Backenzähne korrekt aufeinander. Der Pferdekörper bleibt verhältnismäßig gerade, und das Pferd bewegt sich beim Fressen ein wenig hin und her. Kein einzelner Körperbereich wird übermäßig belastet.

Holt das Pferd sich sein Futter aus einem Heunetz, gewöhnt es sich sehr schnell an, das Heu mit einem Ruck herauszurupfen. Mit jedem Maulvoll wird der Rücken durchgedrückt, und oft werden Kopf und Hals jedes Mal in dieselbe Richtung verdreht. Ein so gefüttertes Pferd neigt dazu, jede Maulvoll Heu mit steilem Hals und hoher Kopfhaltung zu kauen. Pferde, die ihre Heuration tags-

über aus dem Netz fressen, entwickeln mit größerer Wahrscheinlichkeit Haltungs-, Verhaltens- und Zahnprobleme als solche, die in einer natürlicheren Umgebung gehalten werden.

Putzen und Scheren

Pferde werden nicht nur geputzt, damit das Fell glänzt. Der tiefere Sinn besteht darin, verspannte Muskeln zu entspannen und vor und nach der Bewegung die Durchblutung des gesamten Pferdekörpers anzuregen. Richtiges, gefühlvolles Putzen kann zur Muskelentwicklung beitragen; das Fell wird gesund und glänzend.

Wie ein Pferd sich auf körperlicher Ebene fühlt, zeigt sich deutlich beim Putzen. Pferde, die umgänglich sind und sich locker und frei bewegen können, sind generell auch leicht zu putzen. Leidet ein Pferd unter Verspannungen im Körper, ist die Haut straff gespannt, und das Pferd empfindet das Putzen als unangenehm. Selbst nach stundenlangem Putzen kann das Fell immer noch stumpf wirken, weil die Haut so angespannt ist, dass sie kein natürliches Fett produziert. Das Pferd tanzt herum, beißt, legt die Ohren an oder schlägt sogar aus. Wird es für sein Verhalten bestraft, verstärkt sich die Spannung nur noch, und alle negativen Aspekte des Putzvorgangs werden bestärkt. Bei einem Pferd, das sich nicht gern putzen lässt, ersetzt man das traditionelle Putzzeug zur Entfernung von Schmutz

Ein Heunetz kann die Ursache dafür sein, dass sich die Zähne ungleichmäßig abnutzen.

und zur Verbesserung der Durchblutung besser durch Gummistriegel, Lammfell-Putzhandschuhe, angewärmte Tücher und kleine, weiche Pflegebürsten.

Wenn ein Pferd sich beim Putzen steif macht, verkrampft oder wirklich fürchtet, kann dies eine falsche Körperhaltung noch verschlimmern. Der Kopf geht hoch, der Rücken wird durchgedrückt. Das Pferd klemmt den Schweif ein, das Herz schlägt schneller. Die Ohrspitzen und der untere Teil der Beine sind nicht mehr genügend durchblutet. Geht man beim Putzen dagegen mit Gefühl vor, hat man ein arbeitsbereites Pferd, das weniger Widerstand leistet und sich besser entspannt und konzentriert. So sollte man ein Pferd immer nur vorsichtig und bedacht mit dem Wasserschlauch abspritzen. Abspritzen mit kaltem Wasser, womöglich im Gesicht und besonders, wenn man dabei vor dem Pferd steht, führt dazu, dass das Pferd den Kopf hochreißt, den Rücken durchdrückt und die Muskeln verkrampft. Ein Pferd, das bereits Spannungen im Körper trägt, ist für Kälte empfindlicher als eines, das locker und entspannt ist.

Pferde, die verkrampft, kitzlig oder geräuschempfindlich sind, können auch überreagieren, wenn sie geschoren werden sollen. Wenn man dafür sorgt, dass das Pferd sich entspannt, und es langsam, notfalls über mehrere Tage, mit dem Schergerät vertraut macht, lassen sich die meisten Pferde davon überzeugen, dass das Scheren nichts ist, wovor man sich zu fürchten braucht.

Achten Sie beim Hufeauskratzen darauf, das Bein nicht zur Seite zu ziehen. Dadurch kann das Pferd das Gleichgewicht verlieren, oft wird auch die Schulter oder die Hinterhand übermäßig belastet. Damit das Pferd lernt, den Fuß anzuheben, drücken Sie mit den Fingerspitzen die hintere Sehne leicht zusammen und lassen wieder los. Das wirkt besser, als wenn Sie sich gegen das Pferd lehnen und es aus dem Gleichgewicht bringen. Hat ein Pferd Gleichgewichtsprobleme, lassen Sie es einen Fuß nach dem anderen anheben, ohne ihn zunächst zum Auskratzen (oder irgendeiner anderen Tätigkeit) festzuhalten. Hat das Pferd nichts dagegen, kreisen Sie das Bein wie in der Übung „Beinkreise" (S. 132) beschrieben. Reagiert das Pferd immer noch ängstlich, versuchen Sie, das Bein von der gegenüberliegenden Seite aus anzuheben. Dadurch verringert sich für Sie das Verletzungsrisiko, falls das Pferd ausschlägt, für das Pferd ist es ein Überraschungseffekt, und außerdem verhindert es, dass Sie das Bein ungewollt und unbemerkt vom Körper weg nach außen ziehen.

Wenn ein Pferd sich gegen das Putzen sträubt, kann dies ein Zeichen für besondere Empfindlichkeit, aber auch für Verspannungen im Körper sein.

Weiches Lammfell kann das Putzen zu einer angenehmen Erfahrung machen.

Gummistriegel werden von empfindlichen Pferden oft besser akzeptiert.

▸ Achten Sie darauf, dass Dinge des täglichen Gebrauchs – wie etwa Anbinderinge oder die Boxentür – der Größe Ihres Pferdes entsprechen. Wird ein Pferd zu hoch und womöglich noch beidseitig angebunden oder steht ein kleines Pferd oder Pony in einer Box mit einer Standardtür, kann dies dazu führen, dass es eine zu hohe Kopfhaltung entwickelt und den Rücken durchdrückt. Die Folge eines tiefen Anbinderings oder einer niedrigen Türöffnung kann dagegen sein, dass das Pferd sich im Hals steif macht oder sich im Genick verletzt, wenn es plötzlich den Kopf hochnimmt.

▸ Viele Pferde werden für das, was sie tun, viel zu gut gefüttert, was alle möglichen Verhaltensprobleme im Gefolge hat. Juckreiz, Ruhelosigkeit, Nervosität und Überempfindlichkeit können auf Ungleichgewicht in der Fütterung zurückzuführen sein. Manche Pferde reagieren stark auf Futtermittel, die, wie beispielsweise Luzerne, pflanzliche Hormone enthalten. Sie können bei Hengsten, Wallachen und Stuten heftige hormonelle Reaktionen auslösen. Für ein Pferd, das unter Stress steht, sich ständig vor allem und jedem fürchtet oder Umstellungen in der Haltung oder Fütterung zu verkraften hat, können probiotische Zusätze eine große Hilfe sein. Wie Menschen brauchen auch Pferde nicht alle die gleiche Art oder die gleiche Menge Futter. Besprechen Sie die Bedürfnisse Ihres Pferdes mit einem Fütterungsexperten und entwickeln Sie mit ihm zusammen ein geeignetes Fütterungskonzept für jedes einzelne Pferd in Ihrer Obhut.

▸ Um zu vermeiden, dass bei im Stall gehaltenen Pferden manche Gliedmaßen mehr beansprucht werden als andere, muss das Pferd so eben wie möglich stehen.

▸ Die Umgebung sollte so friedlich wie möglich sein. Pferde sind geräuschempfindlich und haben es gern ruhig. Ständiger Lärm kann den Stresspegel ansteigen lassen. Ihr Pferd kann sich vielleicht nie richtig entspannen.

Stall und Offenstall

Bei Offenstallhaltung können die Pferde nach Wunsch und Laune grasen, spielen und sich bewegen. Muss ein Pferd längere Zeit Boxenruhe halten, lässt sich eventueller Stress dadurch minimieren, dass man ihm Heu zur freien Verfügung stellt und die Box groß genug ist und nötigenfalls so umgebaut wird, dass es mit den Nachbarn Kontakt aufnehmen kann. In ihrem Buch *Pferdeverhalten* schreibt Dr. Marthe Kiley-Worthington, dass Pferde bei Boxenhaltung 47 % ihrer Zeit mit Fressen verbrachten. Zu 40 % standen sie, der Rest verging mit Liegen und anderen Aktivitäten einschließlich der Interaktion mit Nachbarn. Pferde auf Diät, die andere Pferde nur über die Stalltür sehen können, verbringen 15 % ihrer Zeit mit Fressen und stehen weitere 65 %.

Aufsitzen

Bei unserem Umgang mit Pferden stammt vieles noch aus den frühen Tagen der Kavallerie, als das Schwert bestimmte, von welcher Seite ein Pferd geführt und bestiegen wurde. Wie das Führen kann auch das Aufsitzen von immer derselben Seite zu einer ungleichmäßigen Muskelentwicklung führen. Der Steigbügelriemen dehnt sich mit der Zeit, und auch wenn der Reiter vielleicht nichts davon merkt, spürt das Pferd doch den Unterschied in der Balance des Reiters. Bringen Sie Ihrem Pferd nach Möglichkeit bei, Sie von beiden Seiten aufsitzen zu lassen. Seien Sie aber vorsichtig dabei, denn Pferde sind oft so an das Aufsteigen von links gewöhnt, dass selbst ein gut erzogenes Pferd sich erschrecken kann.

Wenn es mit dem Aufsitzen von rechts nicht klappt, sollten Sie ab und an die Bügelriemen auswechseln. Ziehen Sie sich zum Aufsitzen nicht am Vorderzwiesel hoch. Der Sattelbaum kann sich verziehen, was für das Pferd unangenehme Folgen hat. Stützen Sie sich mit der Hand auf das rechte Sattelblatt, um den Sattel im Gleichgewicht zu halten.

Zeit finden

Selbst wenn Sie nur am Wochenende zwei oder drei der auf S. 89–146 beschriebenen Übungen ausführen, macht dies für Ihr Pferd einen Unterschied. Außerdem lassen sich einige Übungen in den Alltag integrieren, zum Beispiel:

▸ Beinkreise (S. 122 + 132) beim Hufeauskratzen
▸ Streichen Sie dem Pferd so oft wie möglich über den ganzen Körper. So spüren Sie Veränderungen in seinem Körpergefühl und werden aufmerksam auf Bereiche, die spezielle Beachtung erfordern.
▸ Führen Sie das Pferd im „S" (S. 118), wenn Sie es auf die Koppel bringen oder hereinholen. Oder legen Sie ein Labyrinth (S. 132) aus und führen Sie das Pferd auf dem Weg zur Koppel hindurch.
▸ Verwenden Sie zum Putzen einen Lammfell-Putzhandschuh und verschieben Sie die Haut in kleinen Kreisen.
▸ Beim Haargleiten (S. 138) entfernen Sie gleichzeitig Stroh und Schmutz mit den Fingern.
▸ Heben Sie mit dem Gurt den Bauch an (S. 136), bevor Sie den Gurt anziehen.

Gehen Sie beim Führen in „S"-Form (siehe S. 118).

Heben Sie mit dem Gurt den Bauch an, bevor Sie ihn fest anziehen.

Adressen und Zum Weiterlesen

TTEAM Adressen
TTEAM Deutschland
Bibi Degn
Hassel 4
D - 57589 Pracht
Tel.: ++49 (0) 26 82 88 86
Fax: ++49 (0) 26 82 66 83
e-mail: gilde@tteam.de
www.tteam.de

TTEAM Österreich
Martin Lasser
Spitalgasse 7
A-2540 Bad Vöslau / Gainfarn
Tel.: ++43 (0) 664-12 50 252
e-mail: gilde@tteam.at
www.tteamoffice.at

TTEAM Schweiz
Maya Concoi
Bruster 111
CH-8585 Eggethol
e-mail: gilde@tteam.ch
www.tteam-ttouch.ch

TTEAM USA
P.O. Box 3793
Santa Fé, N.M. 87506 USA
Tel.: ++01 (0) 505-45 52 945
Fax: ++01 (0) 505-45 57 233
e-mail: info@tellingtonttouch.com
www.ttouch.com

TTEAM UK
Sarah Fisher
Tilley Farm
Timsbury Rd.
Farmborough, Nr Bath,
Somerset BA2 0AB Great Britan
Tel.: ++44 (0) 17 61-47 11 82
Fax: ++44 (0) 17 61-47 90 82
e-mail: info@tteam.co.uk

Nützliche Adressen

Vereinigung der Freizeitreiter und -fahrer in Deutschland (VFD)
Auf der Hohengrub 5
D – 56355 Hunzel
Tel.: +49-(0)6772-9630980
Fax: +49-(0)6772-9630985
www.vfdnet.de

Bundesfachverband für Reiten und Fahren in Österreich (BFV)
Geiselbergstr. 26 – 35/Top 512
A-1110 Wien
Tel.: 0043-(0)1-7499261-13
Fax: 0043-(0)1-7499261-91
e-mail: office@fena.at
www.fena.at

Schweizerischer Verband für Pferdesport (SVPS)
Papiermühlestr. 40 H
Postfach 726
CH-3000 Bern 22
Tel.: 0041-(0)31-335 43 43
Fax: 0041-(0)31-335 43 58
e-mail: info@svps-fsse.ch
www.svp-fsse.ch

Zum Weiterlesen

Cummings, Peggy: **Connected Riding**; Besser reiten mit inneren Bildern, KOSMOS 2005

Cummings, Peggy: **Bodenarbeit**; Mit Connected Groundwork zu Bewegungsfreiheit und Selbsthaltung des Pferdes, KOSMOS 2007

Ochsenbauer, Ute: **Schwierige Pferde verstehen und fördern**; Probleme als Chance sehen und lösen, KOSMOS 2008

Tellington Jones, L./ Lieberman, B.: **Tellington-Training für Pferde**; Das große Lehr- und Praxisbuch, KOSMOS 2007

Tellington-Jones, Linda und Taylor, Sybil: **Die Persönlichkeit Ihres Pferdes**; Die Kunst, Charakter und Temperament zu erkennen und positiv zu beeinflussen. KOSMOS 1995, 2003, 2008

Tellington-Jones, Linda: **TTouch und TTeam für Pferde**; Der sanfte Weg zu Gesundheit, Leistung und Wohlbefinden, KOSMOS 2003

Tellington-Jones, Linda: **Die Linda Tellington-Jones Reitschule**; Mehr Spaß und Erfolg mit TTeam und TTouch, KOSMOS 2003

Thiel, Ulrike: **Die Psyche des Pferdes**; Sein Wesen, seine Sinne, sein Verhalten, KOSMOS 2007

DANKSAGUNG

Ich bedanke mich bei Peggy Cummings, Joyce Harman DVM MRCVS, Robyn Hood, Horse World, Lucinda Stockley und Equine Dentistry Australia, Tallgrass Publishing und Nick Thompson BSc (Hons), BVMB, VetMFHom, MRCVS. Weiter gilt mein Dank all denjenigen, die auf der Tilley Farm mithelfen: Lorna Brown, Tina Constance, Mags Denness, Shelley Hawkins, Tully Knight, Eleanor Pearce und Sarah Sims, sowie meinem Lektor Jo Weeks.

Register

Abschalten 17
Akupressurpunkte 60, 61, 72
Akupunktur 61
Atmung 17
Aufsitzen 150
Augen
 Anzeichen von Unruhe 17, 58
– einseitig blind 58
– und Verhalten 57–58, 59 –60
Ausrüstung überprüfen 20–26

Balancezügel 128–129
Bauch
– Auswirkung von Spannung 69–70
– Übungen 136
Becken 49, 73
Beine
– Anzeichen für Probleme 72
– kalte Röhrbeine 71–72
– Körperhaltung beobachten 33–35, 38, 40
– Probleme wahrnehmen 48–49
– Spannung im Ellbogenbereich 72
– Übungen 139–143
Brust
– Anzeichen für Probleme 66
– Auswirkung von Spannung 65
– Übungen 122–127

Connected Riding 78, 81

Decken 26, 43, 44

Eigenwahrnehmung 14, 56, 81
Erstarren 18
Explosives Verhalten 62–63

Fell
– Aufgestelltes Haar 23, 44, 45
– Fellzustand 45
– Putzen, Scheren 147–148
Flanken 69, 70
Flucht- und Kampfreaktion 18
Frosch 35
Fühlen
– an der Hand 47–49
– unterm Sattel 50–51
Führen

– mit zwei Führleinen 116–117
– mit Gerte / TTeam-Führleine 100–101
– und Druck auf das Genick 104
Fütterung
– Das richtige Futter finden 149
– Heunetze 147

Gähnen 17
Ganzheitliche Pflege und Haltung 147–150
Gaumen 21
Gebiss 21–23
Genick
– Spannung im Genick 60, 106
– und Führleine 104
– und Verhalten 59, 104
– Übungen 106–111
Gerte 100–101, 141, 144–145
Gesicht
– Informationen durch das 55–56
– TTouches im 94–95
– Übungen 94–95
Gleichgewicht 14–15, 81

Hals
– Akupressurpunkte 61
– Alternative Heilmethoden 61
– Auswirkung von Spannungen 61–63
– Übungen 112–121
Haut 45
Herumalbern 19
Heunetze 147
Hinterhand
– Anzeichen für Spannung 69
– Übungen 98–99
Hormonstörungen 61
Hufe
– Balance 27, 34–35, 38
– Beurteilung 34–35
– Pflege 27, 73
– Probleme 73
– Übungen 143–146

Kiefergelenk 22, 56, 59
Kinn 16
Kniegelenk 68
Kopf
– als Stimmungsbarometer 17, 56
– Führen am Kopf, Übung 100–101
– hohe Kopfhaltung 50, 63

– tiefe Kopfhaltung 63
– Senken, Übung 98–99
– Koronarband 34, 72, 143
Körpersprache
– Anzeichen von Unruhe 16–19
– Fünf Angstreaktionen 18–19

Laden 21
Lendenregion
– Spannung 68
Lippen
– als Stimmungsbarometer 54
– und das Gebiss 21

Mähne 39, 45, 62, 64, 114
Maul
– Anzeichen von Spannung 54
– und Lernen / Gefühle 52–53
– Übungen 90–91, 93

Nervensystem 13
Nüstern
– als Stimmungsbarometer 33, 34
– Anzeichen von Spannung 16, 17, 33, 34, 54
– und Charakter 54
– Übungen 92

Offenstall 149
Ohnmacht 18
Ohren
– Akupressurpunkte 60
– als Stimmungsbarometer 17
– Anzeichen für Spannung 60
– Schockpunkt 60, 105
– und Gleichgewicht 60
– und Spannung im Genick 33, 59–60
– Übungen 104–105

Pferdebeurteilung 20–29

Reiter
– Haltung 29, 68
– Übungen für den 84–89, 137
Rippen
– Anzeichen von Spannung 69, 70
– Übungen 135, 137
Rücken
– Auswirkung von Spannung 66–69
– Übungen 129–131

Satteldecken 25, 43
Sättel
– Anpassen 24, 65
– Auswahl 23 -24
– Sattel Check 24–25
Schauen Sie Ihr Pferd an 32–33
– Allgemeinzustand 45
– Vorderansicht 33 -36
– Hinteransicht 40
– Seitenansicht 37–39
– in der Bewegung 41–42
– im Umgang 43–44
Schmerzgedächtnis 16
Schultern
– Anzeichen für Probleme 66
– Anzeichen für Spannungen 64–65
– Übungen 122–129
Schweif
– Anzeichen für Probleme 38, 40, 48, 49, 70–71
– Übungen 130–131, 138
Sensorische Integration 14
Spannungsmuster 12
Speichel 54, 70
Stallhaltung 149
Stehen
– Haltung beurteilen 33–35, 37–38, 40
– Unfähigkeit, still zu stehen 67

Ting–Punkte 72, 143
Training 78
TTEAM 15, 78, 81
– Balancezügel 128–129
– Führleine 100–101
TTouches 43, 79, 94–95, 99, 102, 130, 143–144

Übungen 78–82, 84–146

Widerrist schaukeln 48, 49, 124

Zähne
– Anzeichen für Probleme 28, 55, 56
– Zahnwechsel 28
Zaumzeug 20, 22
– Gebisslos reiten 119–120
Zervikothorakales Syndrom 65
Zuhören 46
Zunge
– Anzeichen für Spannung 16, 22, 54
– und Gebiss 21, 22